ENCYCLOPÉDIE ÉCONOMIQUE

Fondée par
M. A. BURDEAU
DÉPUTÉ DE LYON

Continuée par
M. W. MARIE-CARDINE
INSPECTEUR D'ACADÉMIE

COURS
DE CERTIFICAT D'ÉTUDES
(ARRÊTÉ MINISTÉRIEL DU 29 DÉCEMBRE 1891)

MANUEL

DE CHIMIE

avec leurs Applications

A L'AGRICULTURE & A L'HYGIÈNE

PAR

EDMOND PERRIER

MEMBRE DE L'INSTITUT

A. PICARD ET KAAN
ÉDITEURS

Voir au dos les ouvrages composant la Collection Burdeau.

ENCYCLOPÉDIE ÉCONOMIQUE
DES ÉCOLES ET DES FAMILLES

FONDÉE PAR
M. A. BURDEAU
Président de la Chambre des députés.

CONTINUÉE PAR
M. W. MARIE-CARDINE
Inspecteur d'Académie.

COURS DU CERTIFICAT D'ÉTUDES
(ARRÊTÉ MINISTÉRIEL DU 29 DÉCEMBRE 1893)

MANUEL
de Sciences

AVEC LEURS APPLICATIONS

A L'AGRICULTURE ET A L'HYGIÈNE

PAR

EDMOND PERRIER

MEMBRE DE L'ACADÉMIE DES SCIENCES, PROFESSEUR AU MUSÉUM D'HISTOIRE NATURELLE
ET A L'ÉCOLE NORMALE SUPÉRIEURE D'ENSEIGNEMENT PRIMAIRE DE SAINT-CLOUD

Leçons. — Entretiens. — Devoirs d'Examen.

332 GRAVURES EXPLIQUÉES

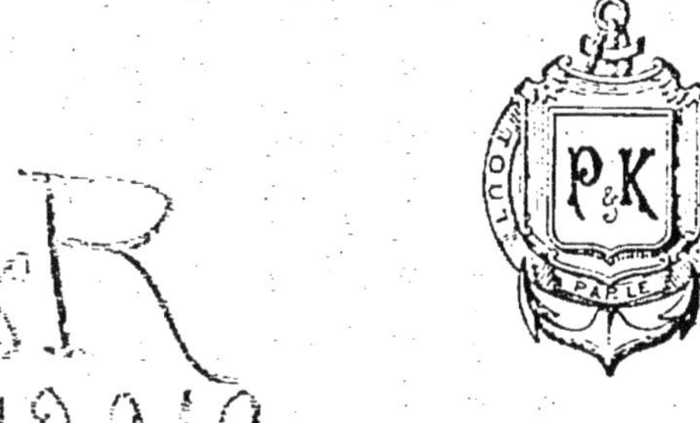

*. . . Bien apprendre ce qu'il
n'est pas permis d'ignorer.*
O. GRÉARD.

PARIS
ALCIDE PICARD ET KAAN, ÉDITEURS
11, RUE SOUFFLOT, 11

Tous droits réservés.

LES LIVRES CLASSIQUES A BON MARCHÉ

Collection Burdeau

De toutes parts, les instituteurs, les municipalités et les familles nous pressent de leur fournir une collection classique qui tranche sur toutes les précédentes par son format réduit et son bon marché.

Les auteurs des livres en usage, par une émulation naturelle, n'ont travaillé depuis plusieurs années qu'à rendre leurs ouvrages plus complets, et par suite plus compacts. Le bagage de livres de l'écolier a pris ainsi peu à peu des dimensions exagérées. En même temps le prix de sa petite bibliothèque ne laisse pas que de paraître un peu lourd à la bourse souvent modeste des parents.

Nous avons entrepris, avec un groupe d'auteurs éminents, de condenser les matières du **certificat d'études primaires** en volumes édités avec le plus grand soin et à un bas prix extrême. Ces ouvrages, nous avons voulu qu'ils fussent clairs et exacts autant que concis.

L'élève qui se sera rendu maître du contenu de chacun des livres de la **COLLECTION BURDEAU** pourra affronter sans hésitation l'examen du certificat. Il entrera dans la vie avec un bagage d'instruction simple mais bien coordonné. Alors il lui sera loisible de le développer en recourant à des ouvrages plus étendus.

LES ÉDITEURS.

MANUEL DE SCIENCES
AVEC
leurs Applications à l'Agriculture et à l'Hygiène

I. — L'HOMME

PREMIÈRE LEÇON

Sommaire : DESCRIPTION DU CORPS HUMAIN. — LE SQUELETTE. — LES MUSCLES. LE SYSTÈME NERVEUX.

DESCRIPTION DU CORPS HUMAIN. — LES DEUX MOITIÉS DU CORPS

1. — Le **corps de l'homme** (fig. 1) est fait de deux moitiés, l'une *droite*, l'autre *gauche*, formées des mêmes parties, mais disposées en sens inverse, comme si l'une des moitiés était l'image de l'autre dans une glace.

C'est ce qu'on exprime en disant que ces deux moitiés ne sont pas semblables, mais *symétriques*.

Les parties situées dans la région où ces deux moitiés se rejoignent sont simples, mais formées d'une moitié droite et d'une moitié gauche; tels sont le *nez*, la *langue*, le *menton*. Les autres parties sont doubles, de sorte que nous avons deux *yeux*, deux *narines*, deux *oreilles*, deux *bras*, deux *jambes*, deux *poumons*.

2. — Le corps de l'homme se divise aussi de haut en bas, en quatre régions : la *tête*, le *cou*, le *tronc* et les *membres*.

LES RÉGIONS DU CORPS.

3. — Sur la **tête** sont réunies la *bouche* et les parties qui nous servent à *voir*, *entendre*, *sentir* les odeurs et *goûter*. On nomme ces parties *organes des sens*; ce sont les *yeux*, les *oreilles*, le *nez* et la *langue*. La tête contient aussi le *cerveau*.

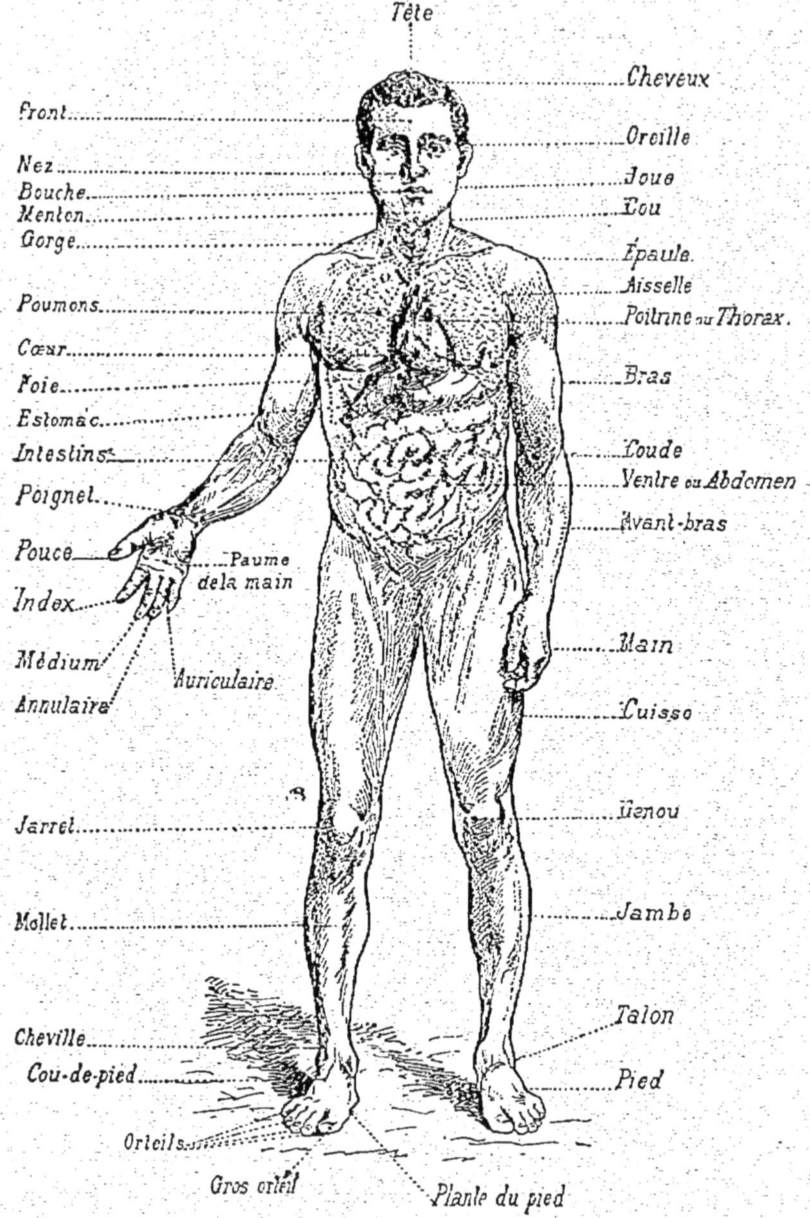

Fig. 1. — Régions du corps de l'homme ; la position des organes est indiquée sur le tronc.

4. — Le **cou** permet à la tête de se mouvoir facilement sur le tronc.

5. — Le **tronc** (fig. 2) contient un grand nombre de parties essentielles à la vie, telles que les *poumons* et le *cœur*, situés dans la partie supérieure du tronc ou *thorax*; l'*estomac*, les *intestins*, vulgairement nommés *boyaux*; le

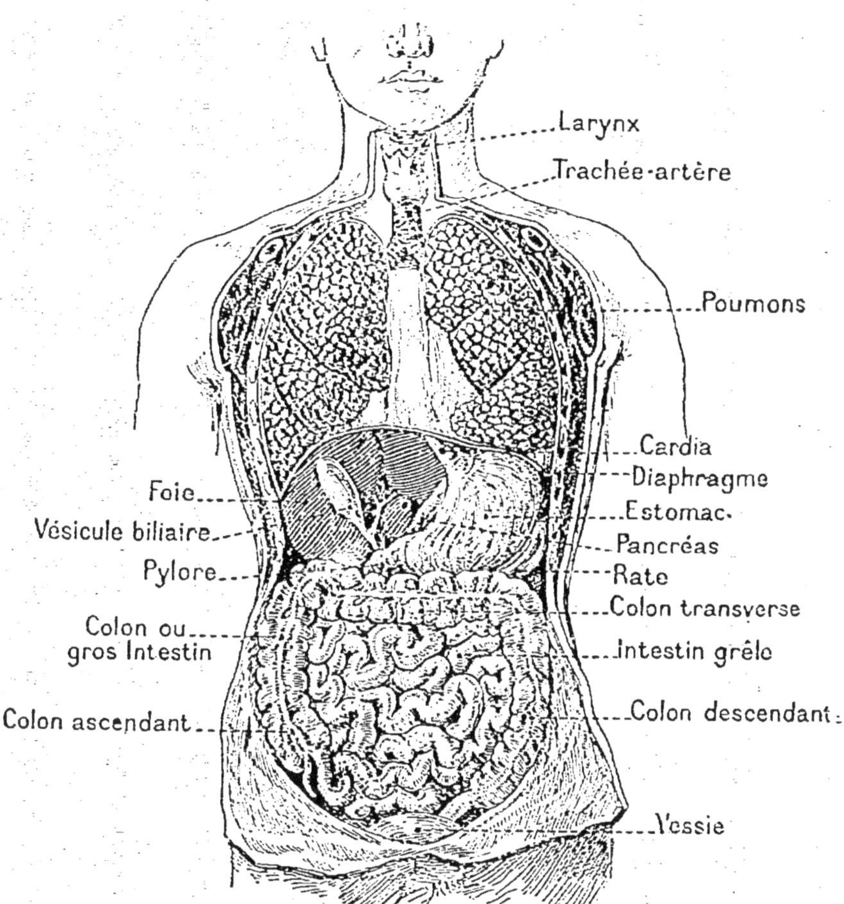

Fig. 2. — Les viscères contenus dans le corps de l'homme.

foie, la *rate*, les *reins*, qu'on appelle aussi *rognons* chez les animaux de boucherie. Ces parties sont les *organes internes* ou *viscères*.

6. — Les **membres** sont au nombre de quatre : deux *jambes* qui servent à marcher, et deux *bras* qui servent à prendre. Les bras et les jambes sont construits à peu près de la même façon.

7. Le corps est soutenu intérieurement par une charpente solide qu'on nomme le *squelette*.

Le **squelette** est fait de pièces dures, distinctes, qui sont les *os*.

Les **os** sont réunis entre eux par des parties molles, les unes constituant des sortes de sacs, les *capsules articulaires*, les autres des cordons résistants, les *ligaments;* leurs extrémités sont taillées de manière à s'emboiter les unes dans les autres, en formant des espèces de char-

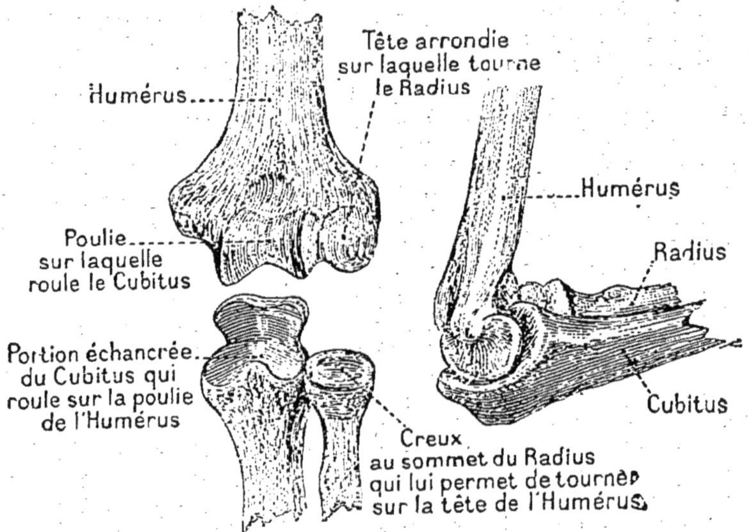

Fig. 3. — Articulation du coude.

nières, qui leur permettent des mouvements variés (fig. 3). Ces charnières sont huilées en quelque sorte par un liquide particulier, la *synovie*, contenu dans la *poche synoviale* intercalée dans la charnière. Toutes ces parties forment ce qu'on nomme les **jointures** ou **articulations;** tels sont le *coude* et le *genou*.

PRINCIPALES PARTIES DU SQUELETTE

8. — Les principales parties du squelette (fig. 4) sont :

1° Le *crâne*, formé d'os qui soutiennent ou protègent le cerveau.

2° La *face*, dont les os entourent la bouche et les organes des sens.

3° La *colonne vertébrale*, formée d'os empilés, presque

semblables entre eux, les *vertèbres*, et s'étendant de la partie inférieure du crâne à l'extrémité postérieure du corps où elle se prolonge en *queue* chez beaucoup d'animaux.

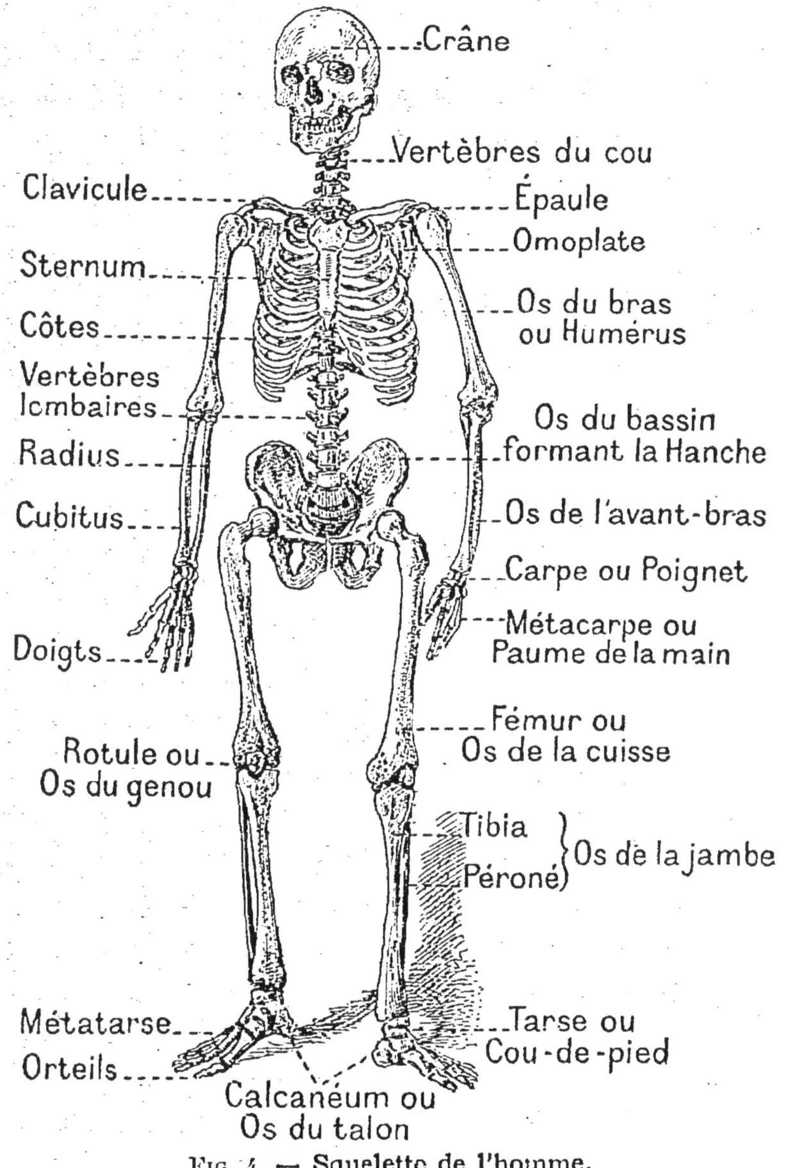

Fig. 4. — Squelette de l'homme.

4° Les *côtes*, portées deux par deux par les vertèbres, soutenant les parois du *thorax*, qui contient les poumons et le cœur, et formant avec la partie de la colonne vertébrale qui leur correspond la *cage thoracique*.

5° Les *os des membres* qui sont presque exactement les mêmes dans le bras et dans la jambe.

Chaque bras est suspendu à deux os qui forment *l'épaule*; les jambes sont suspendues à une cuvette osseuse qu'on nomme le *bassin* et dont les parties supérieures, saillantes de chaque côté, forment les *hanches*.

LUXATION. FRACTURE

9. — Trop fortement tirés, les os peuvent s'éloigner assez pour que les diverses parties des articulations ne se remettent plus en place quand on cesse de tirer sur eux; les mouvements deviennent alors douloureux ou impossibles; l'articulation est *démise* ou *luxée*, et ce déplacement des os d'une articulation est une **luxation**.

Un choc brusque, une chute peuvent casser les os à l'intérieur du corps; cet accident amène quelquefois de graves complications:

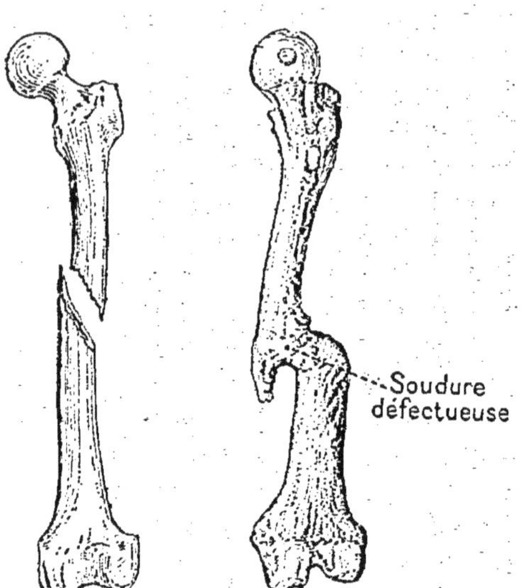

Fig. 5. — Os (*Fémur*) cassé. Le même os ressoudé d'une façon défectueuse après une *fracture*.

c'est ce qu'on nomme une **fracture**.

Les luxations et les fractures se produisent souvent au cours des jeux violents dans lesquels on frappe ses camarades, on les pousse ou on les entraîne malgré eux.

INFLUENCE DES MAUVAISES ATTITUDES. RACHITISME

10. — Quoique susceptibles de se casser (fig. 5), les os n'en sont pas moins *flexibles* dans une certaine mesure; ils se déforment lentement sous l'influence des mauvaises attitudes ou gardent définitivement la position mauvaise dans laquelle on a eu le tort de les maintenir. C'est ainsi **qu'en se tenant mal pour écrire on peut acquérir un dos voûté, une épaule plus haute que l'autre, etc.**

11. — Certains enfants ont des os dont la dureté n'est pas suffisante pour soutenir le poids du corps; leur colonne vertébrale peut alors se tordre de diverses façons (fig. 6), et ils deviennent *bossus;* leurs jambes peuvent de même se courber en *arcs.* Cette maladie des os est ce qu'on nomme le **rachitisme.** Une mauvaise hygiène, une mauvaise nourriture, le séjour habituel dans des chambres humides, dans un air vicié, sont les causes ordinaires du rachitisme.

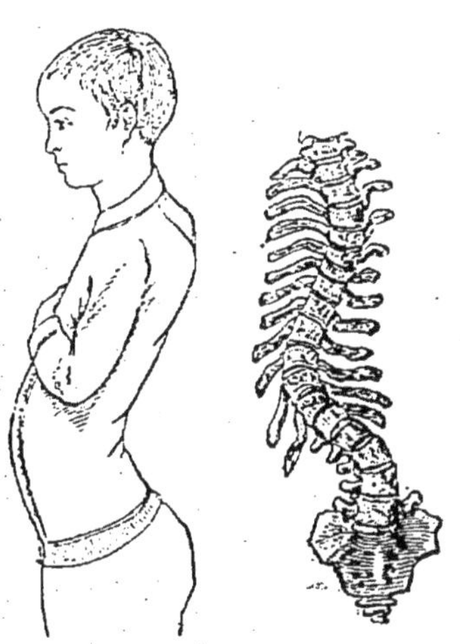

Fig. 6. — Déformation de la colonne vertébrale, résultant du rachitisme.

LES MUSCLES. LE SYSTÈME NERVEUX

12. Les os ne sont jamais à nu; ils sont recouverts par des parties molles dont les principales sont les *muscles* et la *peau.*

Les **muscles** forment ce que l'on nomme habituellement la *chair.* Ils se fixent, en général, par des *tendons,* sur deux os différents; ils sont susceptibles de se *contracter,* c'est-à-dire de se raccourcir, et forcent alors les deux os auxquels ils s'attachent à se mouvoir l'un sur l'autre. C'est ainsi que la contraction du *biceps* ou muscle antérieur du bras, force l'avant-bras à se replier sur le bras (fig. 7). Chaque muscle est complètement entouré d'une enveloppe nacrée qu'on nomme *aponévrose.* Les muscles grossissent et durcissent par l'*exercice;* ils s'amoindrissent par le *repos.* La **gymnastique a pour but de renforcer tous les muscles et elle rend les hommes plus forts et plus vigoureux.**

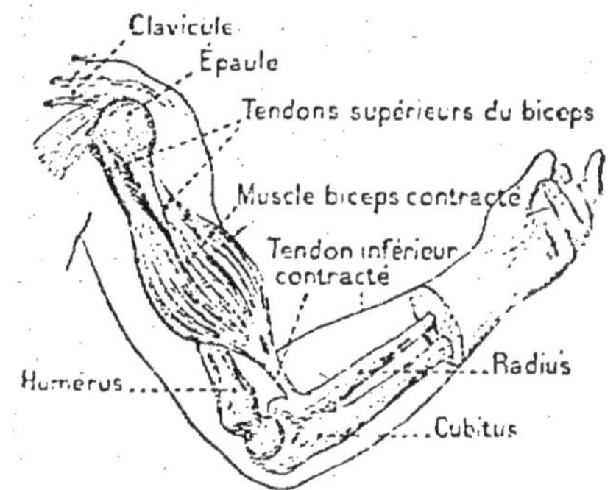

Fig. 7. — Mouvement de l'avant-bras produit par le muscle biceps.

LE CERVEAU. LA MOELLE ÉPINIÈRE. LES NERFS

13. — L'ordre de se contracter est donné aux muscles par le *cerveau.*

Cet ordre est ordinairement provoqué par les renseignements que les *organes du sens* fournissent au cerveau sur ce qui se passe autour de nous. Il est transmis aux

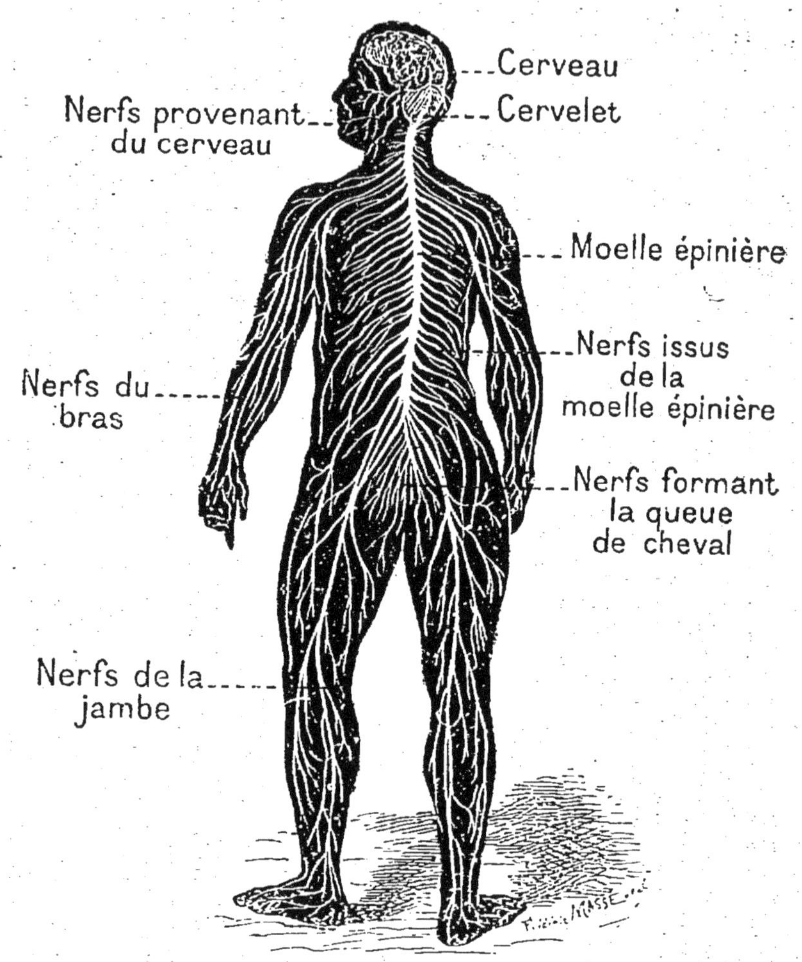

Fig. 8. — Système nerveux de l'homme.

muscles par des cordons ramifiés, les **nerfs** (fig. 8), sortes de fils télégraphiques, dont les uns partent directement du cerveau, les autres d'un long prolongement cylindrique du *cerveau*, logé dans la colonne vertébrale et qu'on nomme la **moelle épinière** (fig. 9).

Les renseignements recueillis par les organes des sens sont également transmis au cerveau par des nerfs.

Les organes des sens sont au nombre de cinq sortes : la *peau*, organe du *toucher*, qui s'exerce par tout le corps ;

la *langue*, organe du *goût ;* le *nez*, organe de l'*odorat ;* les *oreilles*, organes de l'*ouïe ;* les *yeux*, organes de la *vue*. La partie visible des **oreilles** ne sert qu'à diriger le son vers des organes compliqués situés dans l'épaisseur des os de la tête et qui nous sont seuls nécessaires pour entendre. Le *cercle bleu* ou *brun* des **yeux** est l'*iris ;* il est protégé par une sorte de verre de montre, la *cornée*, et percé au centre d'un trou qui paraît noir, la *pupille*. C'est par la pupille que la lumière entre dans l'œil et y peint momentanément les objets extérieurs.

MALADIES DU CERVEAU, DE LA MOELLE ÉPINIÈRE, DES NERFS

14. — Lorsque le cerveau, la moelle épinière ou les nerfs sont atteints de maladies qui les empêchent de fonctionner, les muscles cessent de se contracter ; c'est en cela que consiste la **paralysie**.

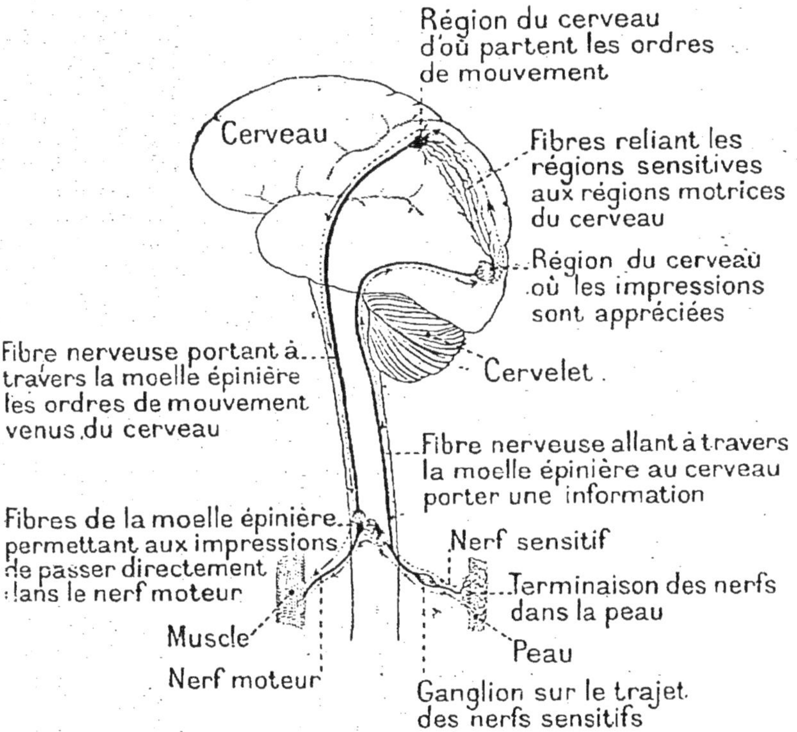

Fig. 9. — Trajet des sensations et des ordres de mouvement dans la moelle épinière et le cerveau.

D'autres maladies du cerveau l'empêchent de tirer parti des renseignements que lui fournissent les organes des sens : elles déterminent la *folie* ou l'*idiotie*.

15. — La *colère*, l'*ivresse* sont des maladies momentanées du cerveau; lorsqu'elles deviennent habituelles, elles finissent par déterminer des altérations durables du cerveau qui conduisent à une *folie incurable* ou à l'*idiotie*; elles peuvent aussi provoquer des *paralysies*.

L'*alcool* est pour le cerveau un poison violent; l'*ivresse* provient d'un empoisonnement du cerveau résultant de ce que l'alcool que l'on a bu passe dans le sang et y demeure un certain temps. L'*absinthe* est pour le cerveau un poison plus redoutable encore que l'alcool; ce serait une erreur fatale que de croire que certains tempéraments peuvent résister à l'action de ces poisons.

16. — **L'alcool n'est pas seulement un poison pour le cerveau; c'est aussi un poison redoutable pour toutes les parties du corps.** Quand on en fait un usage habituel, il s'accumule peu à peu dans l'organisme, déterminant ainsi l'*alcoolisme* qui prédispose à toutes les sortes de maladies.

Les enfants de parents alcooliques sont eux-mêmes prédisposés au rachitisme, à la folie, aux maladies nerveuses; ils prennent plus facilement les maladies contagieuses. C'est parmi eux que se recrute la grande majorité des *criminels*.

ENTORSE. RHUMATISMES

17. — Les parties molles des articulations et les muscles sont sujets, comme les os et les centres nerveux, à des maladies. Lorsqu'en courant un pied vient à être violemment tordu, les ligaments de l'articulation du pied demeurent douloureux et se gonflent; on s'est donné une *entorse*. Le froid enflamme la poche synoviale et provoque le *rhumatisme articulaire*. Une nourriture trop abondante et trop substantielle provoque le dépôt de corps solides dans les articulations, ce qui constitue la *goutte*. Des douleurs surviennent aussi dans les muscles frappés par le froid; c'est le *rhumatisme musculaire*.

ENTRETIENS

Description du Corps humain.

1. — Comment sont disposées les parties dans les deux moitiés du corps de l'homme?

Les parties de l'une des moitiés sont *symétriques* de celles de l'autre; c'est-à-dire qu'elles sont disposées comme si l'une des moitiés du corps était l'image de l'autre dans une glace.

2. — En combien de régions se divise le corps de l'homme et quelles sont ces régions ?

Le corps de l'homme se divise en quatre régions : la *tête*, le *cou*, le *tronc* et les *membres*.

3. — Quelles sont les parties que porte la tête ?

Ce sont la *bouche*, les *organes des sens* et le *cerveau*.

4. — A quoi sert le cou ?

Il permet à la tête de se *mouvoir* facilement dans toutes les directions.

5. — Quelles sont les principales parties situées dans le tronc ?

Ce sont les *viscères* ou organes internes essentiels à la vie, tels que les *poumons*, le *cœur*, l'*estomac*, les *reins*, etc.

6. — Combien avons-nous de membres et quels sont ces membres ?

Nous avons quatre membres : deux *bras* et deux *jambes*.

Le Squelette.

7. — Qu'est-ce que le squelette ?

Le squelette est l'ensemble des *os* ou parties solides qui forment la charpente intérieure du corps et qui sont réunis entre eux par les *jointures* ou *articulations*.

8. — Quelles sont les principales parties du squelette ?

Les principales parties du squelette sont le *crâne*, la *face*, la *colonne vertébrale*, les *côtes* et les *os des membres*.

9. — Quelle différence y a-t-il entre une luxation et une fracture ?

Une luxation est un simple *déplacement des os* qui prennent part à une articulation, tandis que dans la fracture les os sont *cassés* ou *brisés*.

10. — Les mauvaises attitudes ont-elles une action sur les os ?

Oui ; les mauvaises attitudes *déforment les os*, et avec eux le corps et les membres.

11. — Qu'est-ce que le rachitisme ?

Le rachitisme est un *défaut de consistance des os* qui, durant l'enfance, les prédispose à se déformer.

Les Muscles. Le Système nerveux.

12. — Comment sont produits les mouvements des os ?

Les os sont déplacés les uns par rapport aux autres par la *contraction*, c'est-à-dire le *raccourcissement* des muscles qui s'attachent à eux.

13. — Les muscles se contractent-ils spontanément ?

Les muscles ne se contractent pas spontanément ; ils reçoivent l'ordre de se contracter du *cerveau* ou de la moelle épinière qui le leur envoie par l'intermédiaire des nerfs et d'après les renseignements que leur fournissent les *organes des sens*.

14. — Quelles sont les principales conséquences des maladies du cerveau ?

Les maladies du cerveau ont pour conséquence la *paralysie*, la *folie* ou l'*idiotie*.

15. — Quelles sont les causes les plus fréquentes des maladies du cerveau ?

Les causes les plus fréquentes des maladies du cerveau sont les mauvaises habitudes morales, telles que la *colère* et l'usage habituel de certains poisons comme l'*alcool* et l'*absinthe*.

16. — Quelles sont les conséquences de l'usage habituel de l'alcool ?

L'usage habituel de l'alcool détermine l'*alcoolisme*, qui prédispose à toutes les maladies, non seulement ceux qui en sont atteints, mais aussi leurs enfants.

17. — Quelles sont les maladies les plus fréquentes des articulations et des muscles ?

Les maladies les plus fréquentes des articulations et des muscles sont les *rhumatismes* causés par le froid, la *goutte* causée par un excès de nourriture.

Sujets de Rédaction.

1. DESCRIPTION GÉNÉRALE DU CORPS HUMAIN. — Plan : Moitié droite et moitié gauche du corps ; répétition symétrique des organes dans ces deux moitiés. Régions du corps : tête, organes qu'elle porte ou qu'elle contient ; cou, son rôle ; tronc, sa division en thorax et abdomen ; organes contenus dans chacune de ces parties ; membres, comparaison du bras et de la jambe.

2. LES OS ET LE SQUELETTE. — Plan : Principales divisions du squelette : crâne, colonne vertébrale, cage thoracique, membres. Propriété des os ; leur flexibilité ; fractures ; maladie des os : rachitisme.

3. LES ARTICULATIONS. — Plan : Différents modes d'union des os ; articulations fixes et articulations mobiles ; ligaments ; synoviales. Luxations et entorses. Rhumatisme articulaire.

4. LES MUSCLES. — Plan : Mode de disposition des muscles par rapport aux os ; tendons et aponévroses. Contraction musculaire ; comment elle détermine le déplacement des os. Influence de l'exercice sur le développement des muscles. Maladies des muscles : rhumatismes musculaires.

5. LE SYSTÈME NERVEUX. — Plan : Description du cerveau, de la moelle épinière, des ganglions et des nerfs. Action des centres nerveux sur les muscles et les glandes par l'intermédiaire des nerfs. Action des excitations extérieures sur les centres nerveux par l'intermédiaire des nerfs. Maladies du cerveau : paralysie, folie, idiotie. Causes des maladies cérébrales : émotions, empoisonnement par l'alcool et l'absinthe. Conséquences de l'alcoolisme.

6. LES ORGANES DES SENS. — Plan : Généralisation du sens du toucher. Goût et odorat ; leurs rapports. Ouïe : description de l'oreille. Vue : description de l'œil.

DEUXIÈME LEÇON

LES ALIMENTS

18. — L'homme a besoin, pour vivre, de *manger*, de *boire* et de *respirer*. Manger et boire, cela s'appelle aussi se **nourrir**.

19. — Les substances que l'on mange et que l'on boit se nomment *aliments*.

L'homme ne mange que des produits qui lui sont fournis par les animaux et les végétaux ; des premiers, il tire des *viandes*, du *lait*, des *œufs* ; des seconds des *fruits*, des *graines*, des *racines* ou même des *feuilles*.

Ces *aliments*, quelle que soit leur origine, ne sont qu'un mélange de substances analogues au *blanc d'œuf*, à la *graisse*, à l'*amidon* ou au *sucre*, auxquelles s'ajoute une grande quantité d'*eau*.

20. — L'eau n'est cependant pas contenue dans les aliments qu'on mange en quantité suffisante pour suffire à tous les besoins de notre corps ; il est nécessaire d'en boire une certaine quantité, en nature. **L'eau est la seule boisson indispensable.**

MASTICATION. DIGESTION

21. — Les aliments solides, après avoir été introduits dans la bouche, sont *mâchés*, c'est-à-dire broyés entre les *dents* dont sont garnies les *mâchoires*. C'est l'acte de la **mastication.**

Les **dents** qui garnissent nos mâchoires ne sont pas toutes semblables entre elles. On distingue, sur chaque mâchoire, de chaque côté : deux *incisives* ou dents coupantes ; une *canine*, dent pointue, conique formant *crochet* ; une série de *molaires* (fig. 10), dents broyeuses à surface

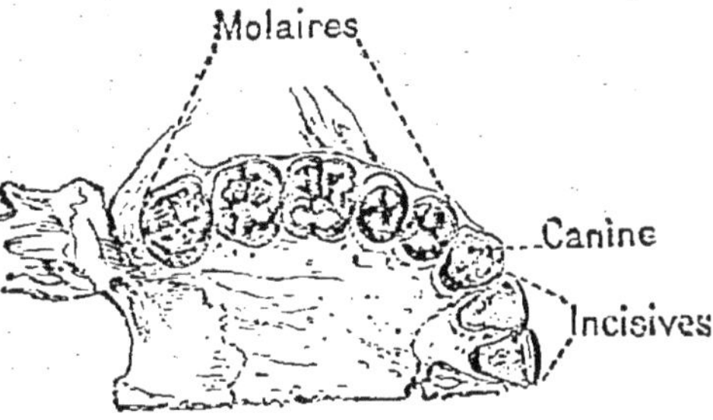

Fig. 10. — Une moitié de la mâchoire supérieure de l'homme vue en dessous.

supérieure plate. Jusqu'à l'âge de sept ans, environ, les enfants n'ont que deux molaires. Vers l'âge de sept ans toutes ces dents tombent, sont remplacées par des dents nouvelles, semblables, auxquelles s'ajoutent successivement trois autres molaires (fig. 11).

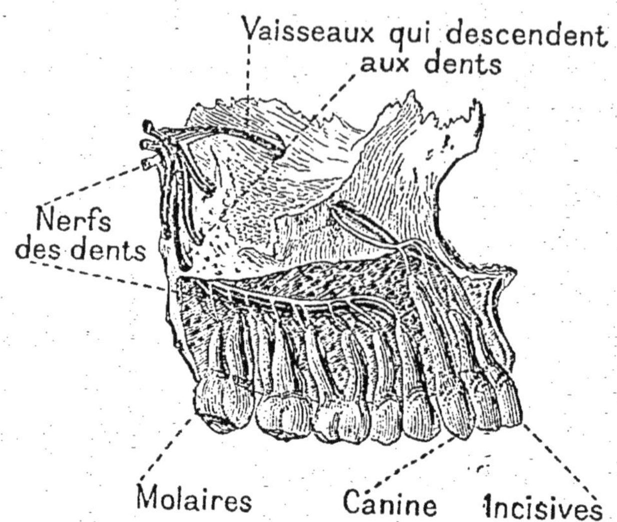

FIG. 11. — Mâchoire supérieure de l'homme vue de profil. La mâchoire a été sculptée pour montrer les *nerfs* et les *vaisseaux* des dents.

Quand on ne se nettoie pas régulièrement les dents, il pousse sur elles de petites plantes qui les entourent de *tartre* ou se nourrissent de leur substance et les détruisent ; c'est ce qu'on nomme la *carie* des dents.

Les dents cariées ont une odeur repoussante, causent de vives douleurs et peuvent provoquer des maladies d'estomac, puisqu'elles ne mâchent plus les aliments.

En même temps qu'ils sont broyés, les aliments sont mélangés intimement à un suc particulier qui afflue dans la bouche au moment de la mastication, et qu'on nomme la *salive*. La salive transforme les fécules en *sucre*.

Les aliments mélangés à la salive sont, au bout d'un certain temps, *déglutis*, c'est-à-dire qu'ils passent de la bouche dans un canal vertical, l'*œsophage*, qui les conduit à l'*estomac* (fig. 12). Des dispositions spéciales les empêchent de refluer dans le nez ou de s'engager dans le canal qui conduit aux poumons et dont l'orifice est dans l'arrière-bouche. Les aliments qui entrent par hasard dans le nez provoquent l'*éternuement* ; en s'engageant dans le canal pulmonaire ils déterminent la *toux* et parfois de **graves** *suffocations*. **Ces accidents arrivent souvent aux personnes qui parlent ou rient en mangeant.**

Arrivés dans l'estomac, les aliments imprégnés de salive sont mélangés par les mouvements de ce dernier à un suc d'un goût légèrement aigre, le *suc gastrique*, qui dissout principalement les viandes, le blanc d'œuf cuit, le fromage, etc. Les aliments sont ainsi réduits en une sorte de bouillie, le *chyme*, qui passe dans l'*intestin*.

A la naissance de l'intestin viennent se déverser sur le chyme deux sucs nouveaux : la *bile* et le *suc pancréatique*, produits par deux gros organes, le *foie* et le *pancréas*. Ces nouveaux sucs, auxquels s'ajoute bientôt le *suc intestinal* qui suinte à la surface de l'intestin, dissolvent les matières que n'a pas attaquées le suc gastrique.

22. — Les matières ainsi préparées forment le *chyle* que des canaux spéciaux, les *vaisseaux chylifères* portent dans le sang.

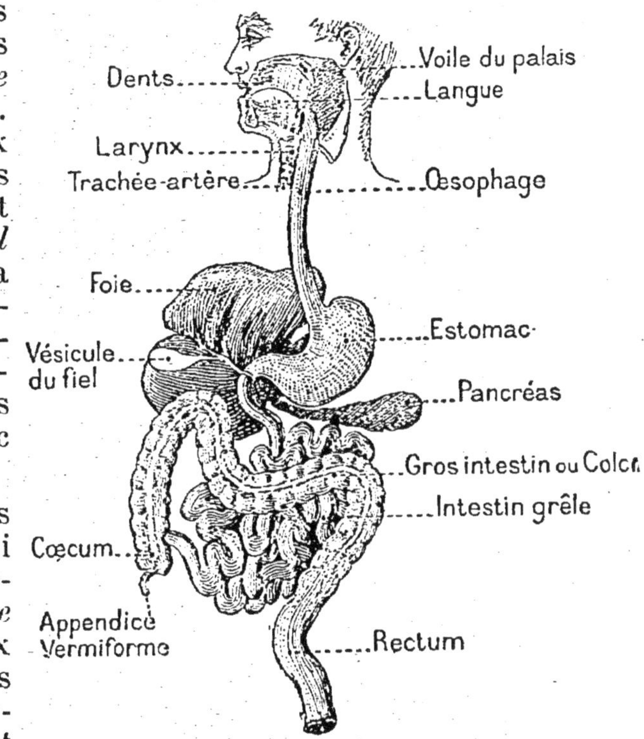

Fig. 12. — Organes digestifs de l'homme.

CUISSON DES ALIMENTS. FILTRAGE DES EAUX

23. — Les aliments bien cuits, à moins qu'on n'en mange de trop grandes quantités, sont inoffensifs. Les aliments crus, les eaux impures entraînent souvent avec eux, au contraire, divers parasites, tels que des *vers intestinaux* et des végétaux microscopiques, les *microbes*. Les microbes, qui se développent sur la paroi du tube digestif, provoquent la *diarrhée*, la *dysenterie*, la *fièvre typhoïde*, le *choléra*, etc.

24. — Les eaux bouillies ou filtrées sur la porcelaine dégourdie ne déterminent que très rarement ces maladies : **les filtres en porcelaine retiennent les microbes et l'eau bouillante les tue.**

RESPIRATION

25. — Par la **respiration** nous introduisons dans nos poumons l'*air*, aussi indispensable à la vie que les aliments, et nous rejetons un air impur qui s'est formé dans le sang.

26. — Notre poitrine fonctionne comme un soufflet qui appelle l'air du dehors à travers la bouche ou le nez et le chasse dans nos poumons à travers un système de canaux ramifié comme un arbre. Le tronc de cet arbre est constitué par le *larynx* et la *trachée-artère;* ses branches

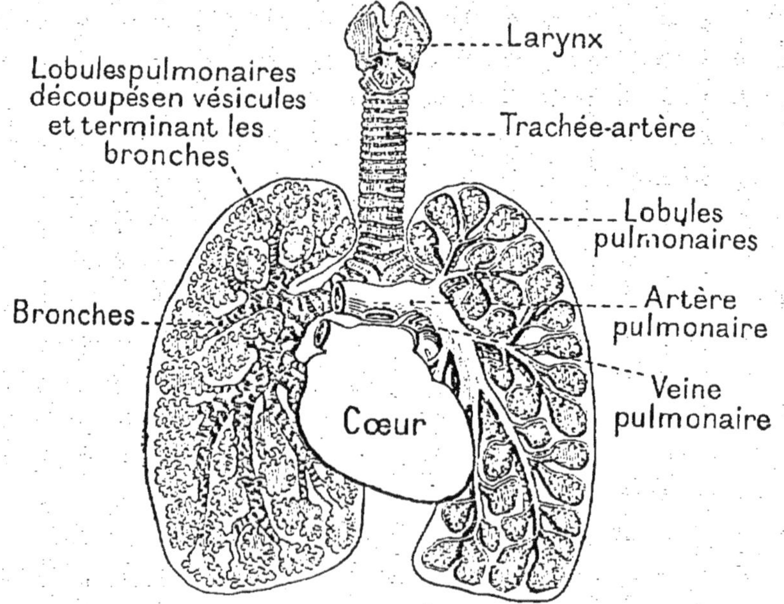

FIG. 13.—**Poumons de l'homme.** Les *lobules pulmonaires* ont été très agrandis et leur nombre a été diminué pour montrer comment ils s'attachent aux *bronches.*

et ses rameaux sont les *bronches* et ses feuilles de petits sacs bombés, les *lobules pulmonaires* (fig. 13), au travers desquels le sang échange contre de l'air pur l'air impur qu'il contient. Les bronches, les vésicules pulmonaires, les vaisseaux qui y amènent le sang ou le remportent au cœur et les tissus qui unissent toutes ces parties forment les *poumons.*

MALADIES DES POUMONS

27. — **On doit autant que possible respirer par le nez.** L'air n'arrive alors aux poumons qu'après avoir traversé les cavités assez compliquées du nez où il s'échauffe et où il dépose la plus grande partie des microbes qu'il contient.

Les enfants qui respirent la bouche ouverte sont exposés à toutes les maladies produites par le froid et les microbes.

28. — Le froid favorise le développement des microbes déposés par l'air sur les membranes du nez, du larynx, de la trachée-artère où ils produisent le *coryza* ou *rhume de cerveau* et un grand nombre d'affections des organes de la respiration, dont la moins grave est le *rhume de poitrine* ou *bronchite*. Quand la maladie s'attaque au tissu même du poumon, elle devient une *pneumonie* ou *fluxion de poitrine*. Souvent aussi c'est une double poche, la *plèvre*, dans laquelle les poumons sont enfermés, qui s'enflamme : le malade a alors une *pleurésie*.

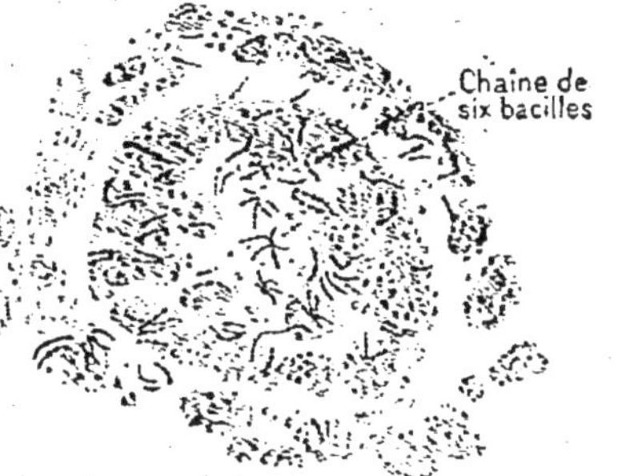

Fig. 14. — Bacilles de la tuberculose.

29. — Parmi les maladies des poumons produites par le développement de microbes (fig. 14), la plus fréquente et la plus meurtrière est la *phtisie* ou *tuberculose pulmonaire*. **La phtisie, qui détruit peu à peu tout le tissu du poumon, est contagieuse.**

Une nourriture insuffisante, la respiration habituelle d'un air vicié ou chargé de poussières, des fatigues prolongées ou répétées, un refroidissement brusque et de longue durée, l'abus des boissons alcooliques prédisposent à la phtisie.

30. — Les microbes qui se développent dans la bouche ou dans les poumons sont souvent entraînés en grand nombre dans les crachats, se répandent dans l'air quand ceux-ci se dessèchent et propagent ainsi les maladies dont ils sont les agents. **Il est absolument dangereux pour ses voisins et pour soi-même de cracher par terre.**

CIRCULATION

31. — Non seulement le **sang** se charge dans les poumons d'air respirable; mais il recueille aussi les produits de la digestion et les transporte dans toutes les parties du corps. A cet effet, le sang *circule* dans des canaux spéciaux, qu'on nomme les *vaisseaux*, et qui aboutissent au **cœur** (fig. 15). Il est entretenu en mouvement dans les vaisseaux par les *battements du cœur*.

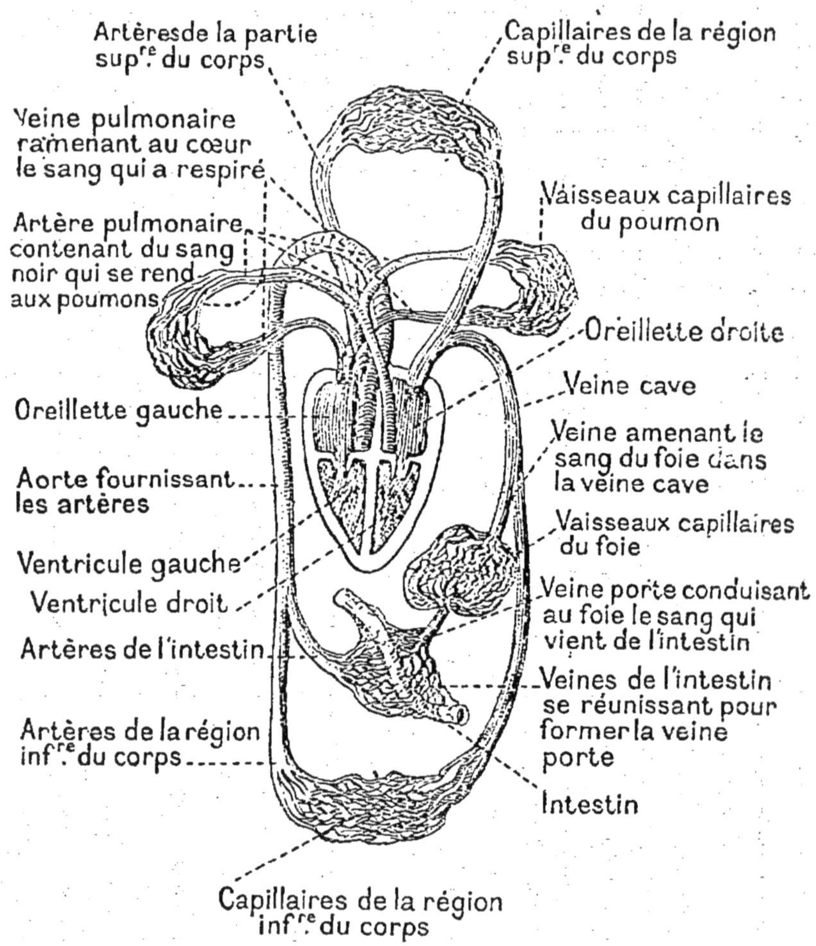

Fig. 15. — Figure montrant comment le sang circule chez l'homme et chez les mammifères.

32. — Quand il part du cœur pour se rendre dans les organes, le sang est *rouge vif;* il est réparti dans tout le corps par des vaisseaux qui vont sans cesse en se divisant et qu'on nomme les *artères*. Chaque battement du cœur élargit brusquement les artères qui reviennent ensuite sur elles-mêmes, de sorte que les artères semblent battre comme le cœur lui-même ; c'est ce qu'on nomme le *pouls*. On peut sentir le pouls en mettant un doigt sur la tempe tout auprès des cheveux, ou mieux sur le poignet immédiatement au-dessous du pouce. Un pouls rapide et fort indique la *fièvre*.

LES VEINES. CONGESTIONS

33. — Quand le sang rouge des artères ou *sang artériel* a nourri les organes, ou qu'il s'est chargé, au contact de l'intestin, de matières nutritives, sa couleur s'est foncée, il est presque brun : c'est du *sang noir*, aussi appelé *sang veineux*, parce qu'il est ramené au cœur par des vaisseaux nouveaux, les *veines*.

Pour passer des artères dans les veines, le sang traverse des vaisseaux très fins, les *capillaires*. Dans certains cas, sous l'action du froid, par exemple, les capillaires des poumons ou du cerveau se gonflent démesurément ; on a alors une **congestion** du cerveau ou des poumons ; **certaines de ces congestions sont mortelles ; les ivrognes y sont particulièrement sujets.**

34.—Le sang noir revenu au cœur, ne se mêle pas au sang rouge ; le cœur (fig. 15) est, en effet, divisé en deux moitiés sans communication entre elles, l'une gauche pour le sang rouge, l'autre droite pour le sang noir. Le sang noir amené par les veines dans la moitié droite du cœur est aussitôt envoyé aux poumons ; il redevient rouge dans ces organes et retourne dans la moitié gauche du cœur, qui le chasse immédiatement dans les artères.

Le sang sorti des vaisseaux se solidifie en partie ; on dit alors qu'il se *coagule ;* il se coagule ainsi au-dessus des blessures des veines, les ferme et leur permet de guérir.

35. — Les blessures des artères ne se referment pas d'elles-mêmes, comme le font souvent celles des veines ; tout le sang peut s'écouler par elles si on ne les lie pas à temps. En conséquence, **il ne faut pas courir quand on tient un objet de verre à la main ;** une chute peut briser l'objet ; un éclat entailler le poignet jusqu'à l'artère qui bat au-dessous du pouce, et cette blessure peut être mortelle.

ANÉVRYSMES. VARICES

36. — Dans l'épaisseur des artères on distingue trois couches dont la moyenne, plus rigide que les autres, se rompt quelquefois quand elle a subi une trop vive traction; le sang refoule alors vers l'extérieur les deux autres couches, et il se forme sur l'artère une poche remplie de sang, qu'on nomme **anévrysme**. La rupture d'un anévrysme peut être une cause de mort subite, parce que le sang qui coule dans le corps s'oppose alors au fonctionnement des organes.

Chez les personnes âgées qui demeurent longtemps debout, les veines se gonflent souvent d'une manière permanente en une série de poches saillantes sous la peau et qu'on appelle **varices** (fig. 16). Les varices sont sujettes à se rompre, mais le sang s'écoule au dehors, et il est, en général, possible de l'arrêter.

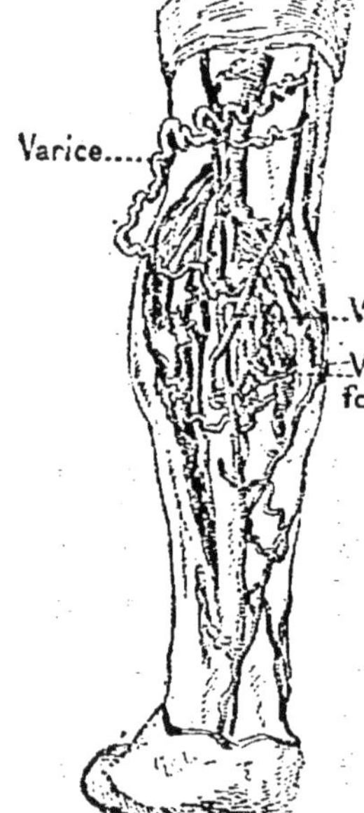

FIG. 16. — Veines d'une jambe atteinte de varices.

SÉCRÉTION

37.—Le sang noir contient diverses substances, telles que l'*urée*, l'*acide urique*, qui proviennent de l'usure des organes et qui nous empoisonneraient si elles n'étaient rejetées au dehors. Des organes spéciaux sont chargés d'enlever au sang ces substances et de nous en débarrasser : les principaux de ces organes sont les **glandes sudoripares**, contenues dans la peau, et les **reins**, situés dans l'abdomen. Les glandes sudoripares produisent la *sueur*; les reins produisent l'*urine*.

La production de la sueur est nécessaire à la santé; la sueur ne peut s'écouler d'une façon normale **si la peau n'est pas entretenue en parfaite propreté ; c'est pourquoi l'usage régulier des bains est une pratique indispensable.**

ENTRETIENS

Digestion.

18. — Quels besoins l'entretien de sa vie impose-t-il à l'homme ?
L'homme a besoin pour vivre de se *nourrir* et de *respirer*. Se nourrir, c'est *manger* et *boire*.

19. — Comment nomme-t-on les substances que nous mangeons et d'où proviennent-elles ?

Les substances que nous mangeons se nomment des *aliments;* elles nous sont fournies par les animaux et les végétaux.

20. — Quelles sont les boissons indispensables à l'homme?

Une seule boisson est indispensable à l'homme : c'est l'eau.

21. — Quel chemin suivent les aliments et quelles transformations subissent-ils dans le corps de l'homme?

Les aliments sont d'abord placés dans la bouche où ils sont *mâchés* par les *dents* et mêlés à la *salive;* ils sont ensuite *déglutis,* c'est-à-dire introduits dans l'*œsophage* qui les mène dans l'*estomac.* Dans l'estomac ils se changent en une bouillie, le *chyme,* sous l'action du suc gastrique, et passent dans l'intestin, où la *bile,* le suc *pancréatique* et le suc *intestinal* les changent en un liquide semblable à du lait, le *chyle.*

22. — Que devient le chyle ?

Le chyle est porté dans le sang par les vaisseaux chylifères.

23. — Quel est l'inconvénient des aliments mal cuits et des eaux impures ?

L'inconvénient des aliments mal cuits et des eaux impures est d'amener dans le corps des *vers intestinaux* et des *microbes* qui produisent les plus graves maladies.

24. — Comment débarrasse-t-on les eaux des microbes ou des œufs de vers qu'elles contiennent ?

On débarrasse les eaux des microbes et des œufs de parasites qu'elles contiennent en les *filtrant* sur de la porcelaine dégourdie, ou mieux en les faisant *bouillir.*

Respiration.

25. — Quel est le but de la respiration?

Par la respiration nous introduisons de l'air pur dans nos poumons et nous rejetons de l'air impur.

26. — Quel est le trajet que suit l'air dans notre corps?

L'air introduit par la bouche ou le nez passe dans le *larynx,* la *trachée-artère,* les *bronches* et arrive dans les *vésicules pulmonaires,* d'où il filtre dans le sang qui, en échange, abandonne dans les vésicules pulmonaires de l'air impur.

27. — Comment doit-on respirer?

On doit respirer la bouche fermée pour que l'air, passant alors par les cavités du nez, s'y échauffe et s'y débarrasse des microbes qu'il contient.

28. — Quels sont les inconvénients du froid pour les organes respiratoires?

Le froid favorise le développement des microbes et provoque ainsi de nombreuses maladies telles que les *rhumes de cerveau* ou de *poitrine,* la *pneumonie,* la *pleurésie,* etc.

29. — Quelle est la plus redoutable des maladies de poitrine ?

La plus redoutable des maladies de poitrine est *très conta-gieuse*; on l'appelle la *phtisie pulmonaire* ou *tuberculose*.

30. — Comment se propage la phtisie pulmonaire ?

La phtisie pulmonaire se propage surtout par les crachats, toujours remplis de microbes des phtisiques.

Circulation.

31. — Le sang reste-t-il en repos dans le corps ?

Non : le sang, mis en mouvement par les battements du cœur, circule sans cesse dans les vaisseaux et répartit entre toutes les parties du corps les produits de la digestion et l'air res-pirable dont il est chargé.

32. — Qu'appelle-t-on artère, et que savez-vous des artères ?

On appelle *artères* les vaisseaux qui emportent le sang hors du cœur ; les artères qui distribuent le sang dans le corps contiennent du sang rouge; elles se gonflent à chaque bat-tement du cœur et c'est ce qui produit le *pouls*.

33. — Qu'appelle-t-on veines ?

Les veines sont les vaisseaux qui ramènent le sang au cœur. Les veines du corps contiennent du *sang noir*.

34. — Le sang noir des veines et le sang rouge des artères sont-ils deux liquides différents ?

Non ; le sang noir que les veines du corps ramènent au cœur est envoyé par le cœur dans les poumons où il se change en sang rouge. Ce sang rouge revient au cœur qui l'envoie à son tour dans les artères du corps.

35. — Les blessures des artères sont-elles dangereuses ?

Les blessures des artères sont plus dangereuses que celles des veines, parce que les artères blessées demeurent béantes et tout le sang peut alors s'échapper par la blessure.

36. — Quelle différence y a-t-il entre un anévrysme et une varice ?

Un anévrysme est une poche pleine de sang qui se forme sur le trajet des artères blessées et dont la rupture peut entraîner la mort subite.

Les varices sont des veines qui demeurent irrégulièrement distendues à la suite de longues fatigues.

Sécrétion.

37. — Quels sont les principaux organes sécréteurs et quel est leur rôle?

Les principaux organes sécréteurs sont les *glandes sudoripares* et les *reins*. Ils fournissent la *sueur* et l'*urine*, qui débar-rassent le sang de certains poisons, tels que l'*urée*, prove-nant de l'usure des organes.

Sujets de Rédaction.

7. LES FONCTIONS DE NUTRITION. — Plan : Nécessité pour l'homme et les animaux de se nourrir et de respirer; ce qu'on appelle se nourrir c'est boire et manger. — Le sang. — Définition de la circulation.

8. LES DENTS. — Plan : Diverses sortes de dents : incisives, canines, molaires; leurs fonctions. — Ordre d'apparition des dents; première et seconde dentition. — Nécessité de bien mâcher les aliments. — Altérations des dents, tartre, carie; soins à donner aux dents.

9. LA DIGESTION. — Plan : Origine et composition des aliments. — Description générale de l'appareil digestif. — Action de la salive. — Déglutition. — Transformations subies par les aliments dans l'estomac; chyme. — Action de la bile, du suc pancréatique et du suc intestinal sur le chyme; chyle. — Absorption du chyle.

10. COMMENT ON DOIT SE NOURRIR. — Plan : Choix des aliments solides et des boissons. — Utilité de la cuisson des aliments. — Dangers des eaux impures : origine des vers intestinaux; origine de la fièvre typhoïde et du choléra. — Moyens de purifier l'eau.

11. L'APPAREIL RESPIRATOIRE ET LA RESPIRATION. — Plan : Définition de la respiration; description de l'appareil respiratoire. — Transformation du sang noir en sang rouge. — Retour du sang rouge au cœur.

12. MALADIES DE L'APPAREIL RESPIRATOIRE; PRÉCAUTIONS A PRENDRE POUR LES ÉVITER. — Plan : Réchauffement et épuration de l'air dans les cavités nasales. — Le froid et les microbes : rhumes, pneumonie, pleurésie. — Phtisie ou tuberculose pulmonaire; gravité de cette maladie; contagion; causes prédisposantes; précautions à prendre pour s'en garantir.

13. LA CIRCULATION. — Plan : Le cœur. — Division des vaisseaux en artères et en veines. — Capillaires; congestions. — Caractères des artères; pouls. — Danger des blessures aux artères; anévrysmes. — Veines; varices.

II. — LES ANIMAUX

—

TROISIÈME LEÇON

Sommaire : LES MAMMIFÈRES. — DIVERSES SORTES DE MAMMIFÈRES. — MAMMIFÈRES NUISIBLES ET MAMMIFÈRES UTILES. — MAMMIFÈRES DOMESTIQUES. — LAIT, BEURRE, FROMAGE.

DIFFÉRENTES SORTES DE MAMMIFÈRES

38. — Un assez grand nombre d'animaux ressemblent à l'homme par toutes les parties importantes de leur organisation.

Ils ont comme lui un corps formé de deux moitiés symétriques et où l'on distingue une *tête*, un *cou*, un *tronc*. Leur corps est muni de quatre membres, les *pattes* qui servent généralement à la marche; il est couvert de *poils*, et il est *chaud*. Ces animaux mettent au monde des petits qu'ils nourrissent du *lait* que produisent leurs *mamelles*. On les nomme, pour cette raison, des **mammifères**. Tels sont les *singes*, les *écureuils*, les *ours*, les *chiens*, les *chats*, les *chevaux* (fig. 17), les *bœufs*, les *moutons*, etc...

Fig. 17. — Le cheval, type de *mammifère herbivore*, n'ayant qu'un doigt à chaque pied.

39. — Quelques mammifères des pays chauds sont presque entièrement dépourvus de poils; tels sont les *éléphants* (fig. 18), les *hippopotames*, les *rhinocéros*.

40. — Dans les pays froids le poil devient, au contraire, serré et soyeux; aussi la peau de beaucoup de mammifères de la Laponie, de la Sibérie et de l'Amérique du Nord, les *martes*, les *hermines*, les *gloutons*, les *lynx*, certains *écureuils* et même plusieurs *phoques* est-elle employée pour doubler nos vêtements d'hiver; c'est une *fourrure*.

Fig. 18. — Éléphant d'Asie.

41. — Il y a des mammifères qui volent à l'aide de

véritables ailes en forme de parapluie : telles sont les *chauves-souris* (fig. 19).

42. — D'autres nagent dans l'eau et n'en sortent que rarement, comme les *phoques*, ou même pas du tout, comme les *marsouins*, les *dauphins* et les *baleines* (fig. 20). Leurs membres sont courts, aplatis et fonctionnent comme des rames propres à *nager*; aussi les appelle-t-on des *nageoires*.

Fig. 19. — La **chauve-souris** est un *mammifère volant* et non pas un oiseau.

Les *phoques* ont une tête de chien, un cou allongé, quatre nageoires, et sont couverts de poils.

Les *marsouins*, les *dauphins* et les *baleines* ont une tête de poisson, sans cou; deux nageoires seule - ment et n'ont pas de poils. Aussi distin- gue-t-on ces mammifères de tous les

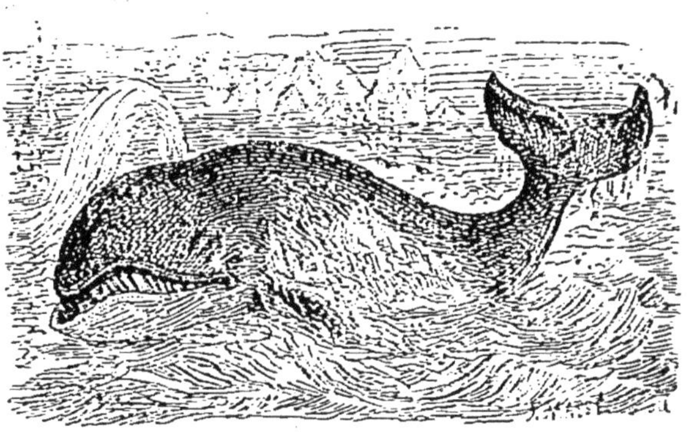

Fig. 20. — La **Baleine** est un *mammifère marin* et non pas un poisson.

autres sous le nom de **cétacés**. Ils ne sortent jamais de l'eau; **on les prend sou- vent à tort pour des pois- sons.** Ils allaitent leurs petits comme les autres mammifères.

43. — Les mammifères qui vivent à terre se nourrissent de façons très différentes : on les appelle *frugivores*, *rongeurs*, *insectivores*, *carnassiers*, *omni- vores* ou *herbivores*, suivant qu'ils se nourrissent principa- lement de *fruits*, d'*amandes*,

Fig. 21. — **Singe,** *mammifère frugivore.*

d'*insectes*, de *chair*, de *débris de toutes sortes*, ou seule- ment d'*herbe*.

MAMMIFÈRES FRUGIVORES

44. — Les mammifères les plus adonnés au régime frugivore sont les *singes* (fig. 21); mais ils ajoutent à ce régime des feuilles, des œufs et même de petits animaux.

Les **singes** habitent les pays chauds; ce sont des animaux grimpeurs dont les quatre membres se terminent par des mains, et dont la physionomie rappelle de loin celle de l'homme.

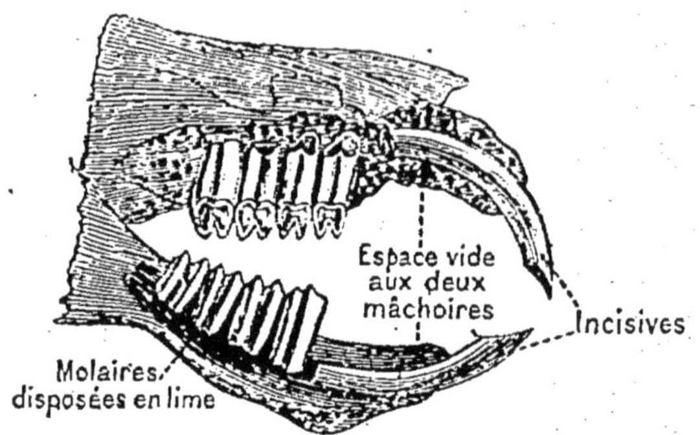

FIG. 22. — Dents d'un *mammifère rongeur*.

MAMMIFÈRES RONGEURS

45. — Les **rongeurs** sont toujours aptes à réduire en poudre avec leurs longues dents de devant les substances végétales les plus dures; ils achèvent de les broyer avec leurs dents postérieures ou molaires, qui forment une sorte de *lime* (fig. 22). Aussi les *marmottes* (fig. 23), les *castors*, les *écureuils*, les *campagnols* vivent-ils surtout de noix, d'amandes ou de graines; les *loirs* ajoutent volontiers des fruits à ce régime. Les *rats* et les *souris* ne rongent que les planches qui les empêchent d'atteindre les aliments plus succulents que nous mettons en réserve pour nous-mêmes : ils sont presque omnivores. Les *lièvres* et les *lapins* sont presque exclusivement herbivores.

FIG. 23. — La marmotte, *mammifère rongeur*.

MAMMIFÈRES INSECTIVORES

46. — Les **insectivores** ont souvent la physionomie des rongeurs, mais leurs dents sont petites et découpées en pointes (fig. 24); ce sont, parmi les mammifères de notre pays : le *hérisson* (fig. 25) couvert d'épines, la *taupe* (fig. 26) qui vit sous terre, et la *musaraigne*, plus petite qu'une souris.

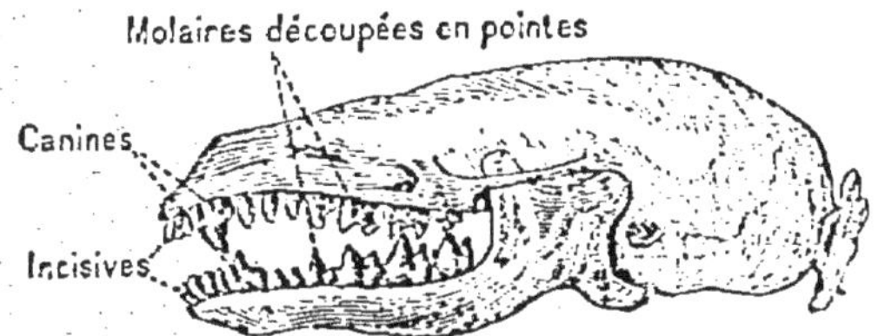

FIG. 24. — **Dentition** d'un *mammifère insectivore* (la **Taupe**); les dents molaires sont découpées en pointes.

MAMMIFÈRES CARNASSIERS

47.—Les **carnassiers** se contentent aussi, quelquefois, d'insectes, mais d'ordinaire s'attaquent à de plus grosses proies; ils ont de chaque côté

FIG. 25. — Le **hérisson,** *mammifère insectivore* à piquants.

FIG. 26. — La **taupe,** *mammifère insectivore.*

des mâchoires une longue dent pointue, correspondant à notre *canine,* qui leur permet de faire de redoutables blessures; plusieurs des dents qui suivent sont tranchantes et propres à couper la chair comme le feraient les branches d'une paire de ciseaux (fig. 27).

Nous citerons parmi les carnassiers de notre pays : le *renard,* le *loup* et le *chien,* qui se ressemblent beaucoup; l'*ours,* confiné aujourd'hui dans les Alpes et les Pyrénées;

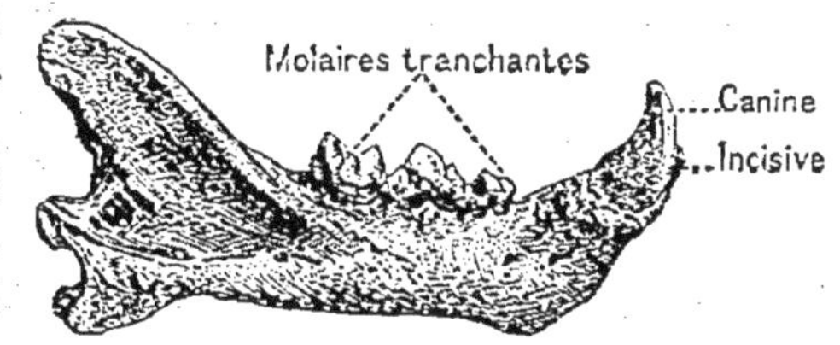

FIG. 27.—Dents d'un carnassier (le *Lion*).

la *belette,* l'*hermine,* le *putois,* la *marte,* la *fouine,* qui vivent de gibier et saignent nos volailles; le *vison* et la *loutre,* qui pêchent le poisson; le *chat,* dont les *lions* (fig. 28) et les *tigres* des pays chauds diffèrent surtout par leur taille.

MAMMIFÈRES OMNIVORES

48.—Les *mammifères* **omnivores,** comme le *porc,* ou

franchement **herbivores,** comme la *chèvre*, le *mouton*, le *bœuf* et le *cheval* se distinguent immédiatement des précédents, parce que les extrémités de leurs doigts, au lieu de porter des ongles tranchants ou des griffes pointues, sont protégées par de larges sabots. On les nomme, pour cette raison, *mammifères ongulés*, ou simplement **ongulés** Les herbivores ainsi *chaussés* sont d'excellents *coureurs*.

FIG. 28. — Le **lion,** *mammifère carnassier*.

ONGULÉS

49. — Il y a deux sortes d'ongulés :

FIG. 29. — **Rhinocéros** à trois doigts, dont un plus gros à chaque pied.

1º Ceux dont le pied présente un doigt médian plus gros que ses voisins, comme le *tapir* et le *rhinocéros* (fig. 29), ou même existant seul, comme chez le *cheval* (fig. 17) et l'*âne* ;

2º Ceux qui ont un *pied fourchu*, comme le *porc* (fig. 30), la *chèvre*, le *bœuf*, etc.

50. — Les ongulés à pied fourchu se divisent eux-mêmes en deux groupes : chez les uns, tels que le *porc*, il y a des dents sur le devant des deux mâchoires, et il existe une énorme canine servant de *défense* (fig. 31). Chez les autres, il n'y a pas de dents sur le devant de la mâchoire supérieure, et la dent canine fait presque toujours défaut (fig. 32). Ce sont là les herbivores par excellence ; après avoir avalé l'herbe sans la mâcher, ils peuvent la faire revenir dans la bouche quand ils sont au repos, pour la mâcher tout à leur aise. Cela s'appelle *ruminer*, et l'on appelle **ruminants** les mammifères qui possèdent cette faculté.

Si les ruminants n'ont pas de défense aux mâchoires, comme les porcs, ils ont, en

FIG. 30. — **Patte de porc.**

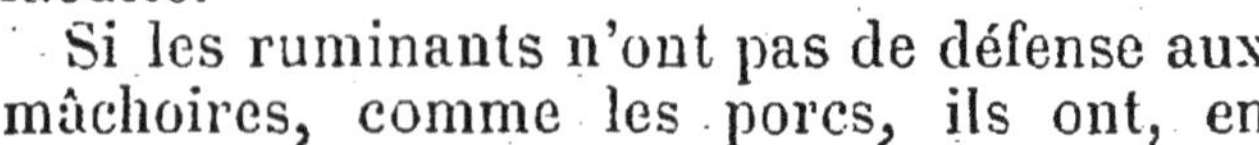

revanche, au front des *cornes* puissantes qui sont des armes dangereuses.

MAMMIFÈRES NUISIBLES ET MAMMIFÈRES UTILES

51. — Nous appelons **mammifères nuisibles** tous ceux qui troublent notre bien-être à leur profit. Nous considérons comme **mammifè- res utiles** tous ceux en qui nous trouvons un mo'. n quelconque d'ac- croître notre bien- être, soit à leur détriment, soit, au contraire, en leur étant nous-mêmes de quelque utilité. Tous les autres sont *indifférents*.

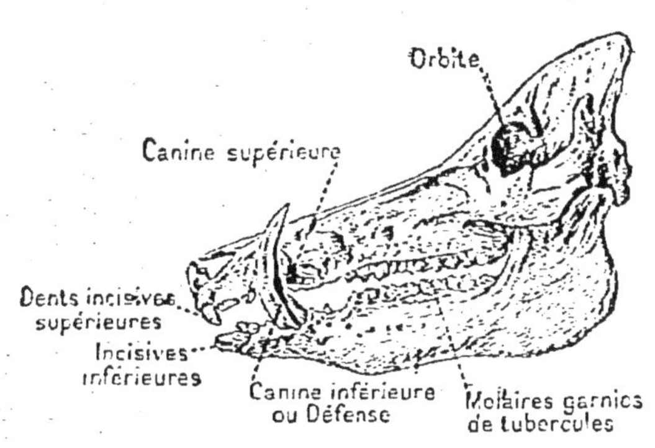

FIG. 31. — **Tête de sanglier** (carnivore).

52. — Ainsi la plupart des mammifères frugivores et des rongeurs nous sont **nui- sibles**, parce qu'ils dévorent nos fruits, com- me les *loirs* et les *écureuils*, nos provisions, comme les *rats* et les *souris*; les carnassiers (fig. 33) nous sont également **nuisibles** quand ils déci- ment notre gi-

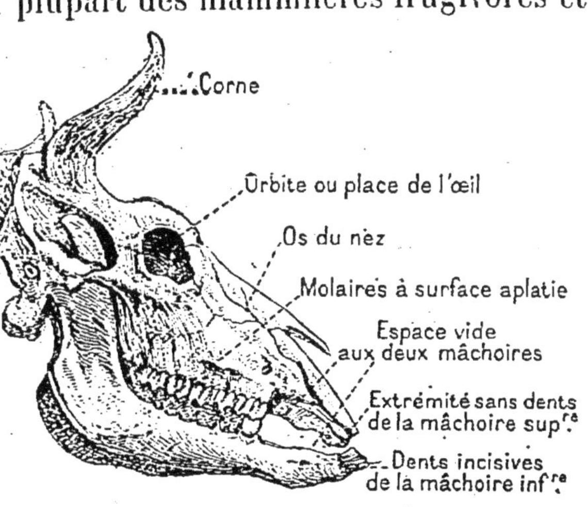

FIG. 32. — **Tête de bœuf** (ruminant).

bier ou nos poulaillers, comme les *belettes*, les *fouines* et les *renards*; quand ils pêchent nos étangs, comme les *loutres*, ou quand ils s'attaquent à nos troupeaux, comme les *loups*.

53. — Au contraire, les insectivores nous sont **utiles**, parce qu'ils détruisent les insectes qui s'attaquent à nos

Fig. 33. — Les principaux carnassiers nuisibles de la France.

cultures; les herbivores le sont aussi, parce qu'ils nous
servent presque tous de gibier.

**Les chauves-souris comptent parmi les
mammifères les plus utiles**, en raison de la
quantité de hannetons et de papillons qu'elles détruisent.

Il ne faut jamais tuer les hérissons : ce sont
les destructeurs par excellence des serpents venimeux.

MAMMIFÈRES DOMESTIQUES

54. — Nous avons trouvé à certains mammifères tant
d'utilité que nous les avons habitués à vivre dans des demeures préparées pour eux, à accepter la nourriture que
nous leur donnons, et à subir complètement notre auto-
rité. Nous en avons ainsi fait des **animaux domestiques** que nous employons aux usages les plus variés
et à qui nous empruntons une grande partie de nos aliments et de nos vêtements.

55. — Le *chien* nous garde, surveille nos troupeaux
et nous aide à la chasse; le *chat* nous débarrasse des
rongeurs qui, sans lui, s'établiraient dans nos demeures; ce sont, actuellement, les seuls *carnassiers
domestiques.*

Les *herbivores domestiques* sont plus nombreux; ce
sont chez nous : le *cheval* et l'*âne*, employés comme *animaux de transport* ou *de travail;* les animaux d'*espèce
bovine* (*taureau* et *bœuf, vache, veau*), employés de même,
mais dont nous mangeons la chair, la *vache* nous fournissant, en outre, son lait; les animaux d'*espèce ovine*
(*bélier* et *mouton, brebis, agneau*) qui nous fournissent de
la viande de boucherie et du lait, tandis que leur laine
sert à fabriquer d'excellents tissus; les animaux d'*espèce
caprine* (*bouc, chèvre, chevreau*) que nous entretenons
surtout pour leur lait extrêmement abondant.

Le *porc*, facile à élever économiquement parce qu'il
est *omnivore*, fournit uniquement des produits alimentaires, mais ils sont nombreux et variés.

Enfin les *lapins*, dont le poil est employé à la fabrication du feutre et dont la chair est fine et légère, complè-
tent la liste de nos mammifères domestiques les plus
importants.

Il y faudrait joindre : pour l'Asie mineure, le *chameau
à deux bosses* (fig. 34), et pour l'Afrique, le *chameau à une*

bosse ou *dromadaire* (fig. 35); ces animaux sont remplacés dans l'Amérique du Sud par le *lama*, plus petit et sans bosse.

FIG. 34. — Chameau d'Asie mineure.

Les *éléphants* d'Asie (fig. 18) sont apprivoisés, mais non domestiques.

RACES DES ANIMAUX
DOMESTIQUES

56. — Les animaux domestiques d'une même espèce ne présentent pas tous les mêmes qualités. Ils se divisent en *races* qui sont soigneusement perfectionnées par les éleveurs en vue de tel ou tel usage. C'est ainsi qu'il existe une multitude de races de chiens (fig. 36), dont les uns sont employés pour la garde des maisons (*mâtin, dogue*), d'autres pour celle des troupeaux (*chien de berger*), d'autres encore pour la chasse (*lévrier, chien courant, braque, épagneul* et autres chiens d'arrêt); beaucoup sont de simples bêtes d'agrément (*levrette, barbet, king's charles*, etc.).

On distingue de même de nombreuses races de chevaux, ayant chacune sa destination : *chevaux de selle, chevaux de voitures de luxe, chevaux de lourdes voitures, chevaux de labour.*

FIG. 35. — Dromadaire d'Afrique.

La différence des fonctions est encore plus grande pour les ruminants : certaines races de moutons, par exemple, sont élevées pour leur toison (*mérinos*), d'autres pour leur chair (*pré-salé*), d'autres pour leur lait. Il y a de même, parmi les races bovines, des *races de travail*, des *races de bou-cherie*, des *races laitières*.

57. — Le lait est une des productions les plus importan-tes de nos ani-maux domesti-

Fɪɢ. 36. — Diverses races de chiens.

ques; on en consomme de grandes quantités à l'état de nature, mais il est formé d'un grand nombre de sub-stances, et l'on consomme aussi isolément plusieurs des substances qui le constituent.

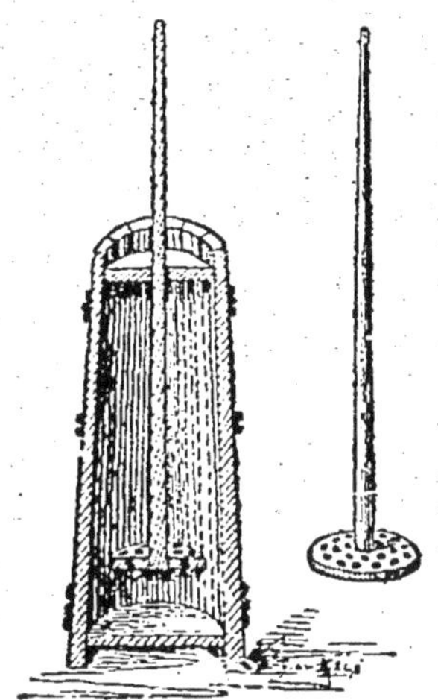

Fɪɢ. 37. — **Baratte primi-tive** pour fabriquer le *beurre* par le battage du lait.

Fɪɢ. 38. — **Baratte** composée d'une roue qu'on fait tourner et qui con-tient le lait.

Quand on abandonne du lait à lui-même : il se forme à sa surface une couche d'un liquide plus épais, la *crème*. Cette crème est essentiellement formée d'une graisse, le **beurre**, qu'on peut isoler complètement en battant la crème : une simple fourchette suffit pour obtenir ce résultat avec une petite quantité de crème; mais pour fabriquer le beurre en grand, on agite la crème dans des appareils spéciaux, les *barattes* (figures 37 et 38).

Si le lait n'a pas été bouilli et s'il est exposé à l'air, le liquide qui reste au-dessous de la crème *aigrit* au bout d'un certain temps, et en même temps il se dépose au fond du vase qui le contient des grumeaux d'une substance blanche qu'on peut isoler en décantant simplement le liquide jaune ou *petit-lait* qui la surmonte. Cette substance blanche, qu'on mange fraîche sous le nom de *caillé*, s'appelle *caséine;* en la conservant dans certaines conditions, on la transforme en **fromage.**

Le *petit-lait* est simplement de l'eau tenant en dissolution, entre autres substances, une assez forte quantité de *sucre*. Comme nous le verrons plus tard, c'est grâce à cela qu'il aigrit, ce qui fait *cailler* le lait, ou qu'il se transforme en une liqueur alcoolique mousseuse, fort usitée chez les Cosaques russes, le *koumis*.

Quand on fait bouillir le lait, il se forme à sa surface une mince pellicule qui s'oppose à la sortie de la vapeur; celle-ci gonfle le lait, et le fait sortir du vase où il bout. Cette pellicule n'est autre chose que de *l'albumine* ou blanc d'œuf, substance analogue à la caséine, dissoute comme elle dans le petit-lait.

ENTRETIENS

Diverses sortes de Mammifères.

38. — Qu'appelle-t-on mammifères ?

On appelle *mammifères* des animaux généralement quadrupèdes et couverts de poils, qui mettent au monde des petits tout formés et les nourrissent de leur lait; tels sont les chiens, les chats, les moutons, etc.

39. — Tous les mammifères sont-ils poilus ?

Le poil est souvent très rare sur les mammifères des pays chauds : tels le rhinocéros, l'hippopotame et l'éléphant.

40. — Que devient le poil chez les mammifères des pays froids ?

Le poil des animaux des pays froids devient serré et soyeux, aussi leur peau est-elle employée comme *fourrure*. Exemples : les *hermines*, les *martes*, etc.

41. — Les membres des mammifères sont-ils toujours des pattes ?

Les membres antérieurs des *chauves-souris* se transforment en *ailes*; les quatre membres des *phoques* sont de vraies *nageoires*.

42. — Tous les mammifères ont-ils quatre membres ?

Il y a des mammifères aquatiques, sans poils, qui n'ont que deux membres antérieurs en forme de nageoires. Ce sont les *cétacés*, tels que les *marsouins*, les *baleines*, etc.

43. — Tous les mammifères usent-ils indifféremment de tous les aliments ?

A côté des mammifères *omnivores*, qui sont peu nombreux, la plupart des mammifères se laissent grouper en catégories, suivant les aliments qu'ils préfèrent. On distingue des mammifères *frugivores* qui se nourrissent de fruits, des *rongeurs* qui se nourrissent des parties dures des végétaux, des *insectivores* qui vivent d'insectes, des *carnassiers* qui vivent de chair, des *herbivores* qui ne se nourrissent que d'herbes ou de feuilles.

44. — Quels sont les principaux frugivores ?

Les principaux *frugivores* sont les *singes*, dont les quatre membres sont terminés chacun par une main.

45. — Quels sont les principaux rongeurs ?

Les principaux *rongeurs* sont les *lièvres*, les *lapins*, les *rats*, les *souris*, etc... Ils se reconnaissent à leurs dents de devant longues et tranchantes et à leurs molaires formant une *lime*.

46. — A quoi reconnaît-on les insectivores et quels sont les principaux d'entre eux ?

Les *insectivores* se reconnaissent à leurs dents molaires déchiquetées ; tels sont les *musaraignes*, les *taupes* et les *hérissons*.

47. — A quoi reconnaît-on les carnassiers et quels sont les principaux d'entre eux ?

Les *carnassiers* sont reconnaissables à la grandeur de leurs canines et au bord tranchant de plusieurs de leurs molaires. Le *loup*, le *renard*, le *chien*, le *chat* sont les plus communs des carnassiers de nos pays.

48. — Qu'appelle-t-on mammifères ongulés ?

On appelle mammifères *ongulés* des mammifères qui ont l'extrémité des doigts protégée par des sabots.

49. — Combien y a-t-il de sortes de mammifères ongulés ?

Il y a deux sortes de mammifères ongulés : ceux qui ont un nombre *impair* de doigts aux pieds, comme le *cheval*, et ceux qui ont un *pied fourchu*, comme le *cochon* et le *bœuf*.

50. — Comment divise-t-on les ongulés à pied fourchu ?

On divise les ongulés à pied fourchu en deux groupes : 1º les *cochons* qui ont des dents sur le devant de la mâchoire supérieure et de grandes canines transformées en défense ; 2º les

ruminants; qui n'ont pas de dents sur le devant de la mâchoire supérieure et qui portent généralement des cornes.

Mammifères nuisibles et Mammifères utiles.

51. — Qu'appelle-t-on mammifères nuisibles et mammifères utiles?

On appelle *mammifères nuisibles* ceux qui troublent notre
bien-être à leur profit, et *mammifères utiles* tous ceux en
qui nous trouvons un moyen quelconque d'accroître ce bien-
être.

52. — Quels sont les principaux mammifères nuisibles dans nos
pays?

Dans nos pays les principaux mammifères nuisibles sont les
carnassiers sauvages, comme le *loup*, le *renard*, la *fouine*, la
loutre, etc., les rongeurs tels que le *rat*, la *souris*, l'*écu-
reuil*, le *loir*, etc.

53. — Quels sont les mammifères que l'on peut considérer comme
utiles?

Parmi les mammifères sauvages on peut considérer comme
utiles les insectivores tels que la *musaraigne*, la *taupe*, le
hérisson et les *chauve-souris*.

Mammifères domestiques.

54. — Qu'appelle-t-on mammifères domestiques ?

Les *mammifères domestiques* sont les mammifères utiles que
nous avons habitués à vivre dans nos demeures, de manière
à les avoir toujours à notre portée.

55. — Quels sont les mammifères domestiques les plus importants?

Les plus importants des mammifères domestiques sont le
chien, le *cheval*, le *bœuf*, le *mouton*, le *porc*.

56. — Tous les animaux domestiques d'une même espèce se ressemblent-ils ?

Non ; les animaux domestiques d'une même espèce se divisent
en *races* ayant chacune son utilité particulière. C'est ainsi
que dans l'espèce bovine il y a des *races de boucherie*, des
races laitières et des *races de travail*.

Lait. Beurre. Fromage.

57. — Quelles substances trouve-t-on dans le lait ?

Le lait contient du *beurre*, de la *caséine* dont on fait les *fromages*, de l'*albumine* qui forme une mince pellicule à sa surface quand on le fait bouillir, du sucre et de l'eau.

Sujets de Rédaction.

14. CARACTÈRES GÉNÉRAUX DES MAMMIFÈRES. — Plan : Symétrie
du corps. — Nombre et structure des membres. — Poils. — Vivipa-

rité. — Allaitement des jeunes. — Caractères communs aux mammifères et à l'homme.

15. Division des mammifères suivant la nature de leurs membres
et suivant leur régime alimentaire. — Plan : Mammifères on-
guiculés : frugivores, insectivores, carnassiers, rongeurs. — Mammifères ongulés : ongulés à pied impair : ongulés à pied fourchu : cochons
ou porcins, ruminants. — Chéiroptères ou mammifères volants. —
Cétacés ou mammifères nageurs. — Caractères de la dentition dans
ces diverses divisions.

16. Mammifères utiles et mammifères nuisibles. — Plan : Mammifères utiles : les insectivores ; les chéiroptères. Herbivores chassés
comme gibier. — Phoques et autres mammifères à fourrure. —
Pêche de la baleine. — Mammifères nuisibles : carnassiers sauvages,
rongeurs.

17. Mammifères domestiques. — Plan : Principales espèces domestiques ; races dans lesquelles elles se divisent, importance et fonctions
de ces races. — Exemples dans les diverses espèces.

18. Le lait. — Plan : Phénomènes que l'on observe quand le
lait est abandonné à lui-même et quand on le fait bouillir. — S'en
servir pour définir les substances contenues dans le lait : matière
grasse ; caséine, albumine, sucre de lait. — Beurre ; sa fabrication.
— Fromages ; leur fabrication.

QUATRIÈME LEÇON

LES OISEAUX

58. — Les **oiseaux** ont, comme les mammifères, un
corps formé de deux moitiés symétriques ; une tête, un
cou, un tronc et quatre membres ; leur corps est également soutenu par un squelette (fig. 39). Il donne, quand
on le touche, une sensation de chaleur.

59. — Les oiseaux *diffèrent* des mammifères par les
caractères suivants :

1º Leurs mâchoires ne portent pas de dents ; elles sont
recouvertes d'un *bec* corné qui remplace les lèvres et sert
à saisir les aliments.

2º Les membres de devant ne servent plus à prendre ni
à marcher ; ce sont des *ailes* qui servent à *voler* ; l'oiseau
ne marche donc que sur deux pattes ; les doigts des
deux pattes sont fixés au bout d'une baguette couverte
d'écailles qui correspond non pas à notre jambe, mais à
notre *plante du pied*.

3° Le corps est couvert, non plus par des poils, mais par des *plumes*.

4° L'oiseau ne met pas au monde des petits vivants; il *pond des œufs* qu'il *couve* dans un nid : de ces œufs sor-

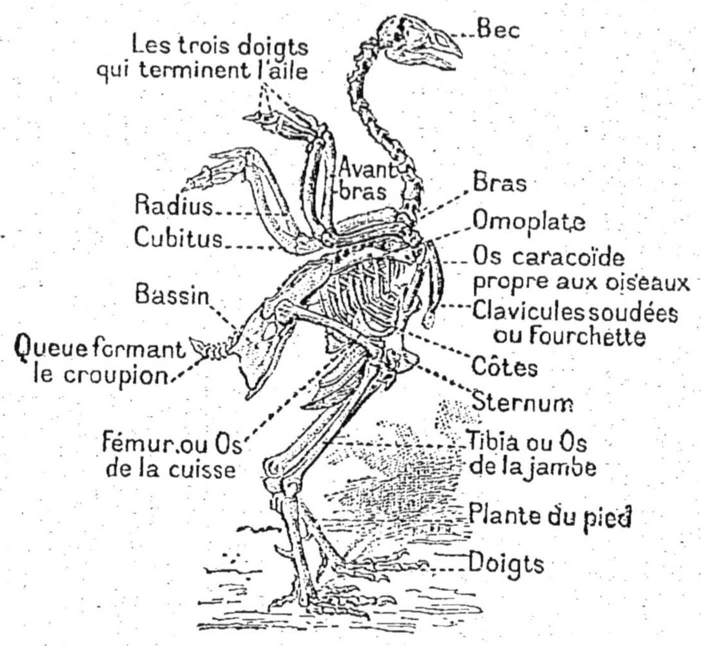

Fig. 39. — Squelette de coq.

tent des petits auxquels leurs parents donnent des aliments ordinaires qu'ils dégorgent dans leur bec; il n'y a donc pas *d'allaitement*.

60. — On peut distinguer parmi les oiseaux des *oiseaux d'eau* ou *palmipèdes*; des *oiseaux de rivage* ou *échassiers*; des *oiseaux des champs* ou *gallinacés*; des *oiseaux des arbres* ou *passereaux*; des *oiseaux préhenseurs* ou *perroquets*, et des *oiseaux de proie* ou *rapaces*.

61. — **Les oiseaux d'eau** ou *oiseaux nageurs* se reconnaissent à leurs pieds *palmés* (fig. 40), c'est-à-dire ayant les doigts unis par une membrane, ce qui permet au pied de fonctionner comme une nageoire; tels sont le *canard*, l'*oie*, le *cygne*. Ces oiseaux vivent de poissons, de vers ou de tout ce qu'ils peuvent récolter en barbotant dans l'eau.

62. — Les **oiseaux de rivage** ont en général les pattes et le cou, ou tout au moins le bec très allongés (fig. 41). Tels sont la *cigogne*, le *héron*, la *bécasse*. Ils vivent de petits animaux qu'ils pêchent au bord des étangs ou qu'ils cherchent

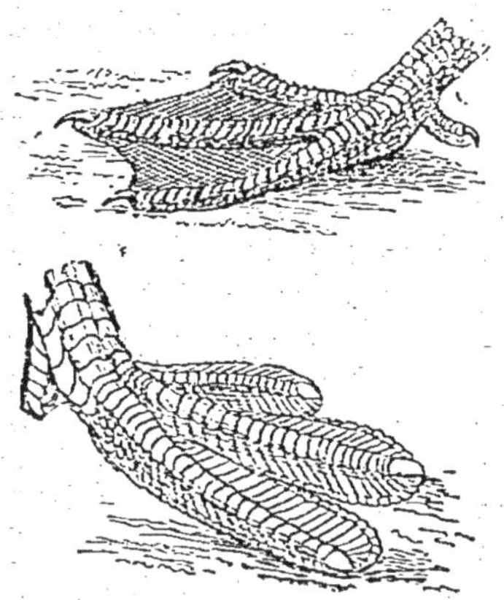

FIG. 40.—Pieds palmés d'*oiseaux d'eau* ou **palmipèdes.**

FIG. 41. — Un **oiseau de rivage** ou *échassier à bec et pattes allongés* : le **héron.**

dans la terre humide. Leurs longues jambes et leur long bec leur permettent d'atteindre leur nourriture sous l'eau, dans la vase, sans mouiller leur corps, ou de fouiller la terre humide pour y recueillir des vers.

63. — Les **oiseaux des champs** ou *oiseaux marcheurs*, comprennent les *gallinacés* et les *pigeons*.

Les *gallinacés* ont les pattes peu allongées, mais robustes, les ongles plats, propres à gratter le sol, le bec fort et légèrement crochu au bout. Ils marchent bien, sautent peu, perchent rarement et volent mal. Ils se nourrissent d'insectes, de vers et de graines qu'ils déterrent; leurs petits courent

FIG. 42. — Un **échassier** *à bec seul allongé* : la **bécasse.**

dès leur éclosion. Exemples : le *coq*, le *faisan*, le *paon*, le *dindon*, la *pintade*, la *perdrix* (fig. 44), la *caille* (fig. 43), etc.

FIG. 43. — La **caille**.   FIG. 44. — La **perdrix**.
Oiseaux gallinacés ou marcheurs à vol lourd.

Les *pigeons* (fig. 45) ont les pattes courtes et assez faibles ; le bec assez gros et assez allongé, mais mou. Ils marchent bien et sautent peu, comme les gallinacés, mais perchent volontiers, volent bien comme les oiseaux des arbres, et ont, comme eux, des petits très faibles à

FIG. 45. — Le **pigeon**, *oiseau*   FIG. 46.—Tête et patte d'un
marcheur à vol rapide.   *oiseau des arbres* ou **passe-**
                                       reau : le **bouvreuil**.

leur éclosion ; ils font donc le passage d'un de ces groupes à l'autre.

64.—Les **oiseaux des arbres** ou *oiseaux sauteurs*, aussi nommés *passereaux*, généralement de taille petite ou médiocre, ont, d'ordinaire, les pattes grêles et assez allongées, les ongles longs, grêles et recourbés (fig. 46); ils sautent plus qu'ils ne marchent, perchent et volent bien. Les uns, tels que les *rossignols* (fig. 47), les *rouges-gorges*, les *huppes*, les *pies-grièches*, les *hirondelles* (fig. 47), les *martinets*, les *engoulevents* (fig. 47), les *coucous* (fig. 47),

Fig. 47. — Les principaux oiseaux utiles de France.

les *pies* (fig. 47), etc., se nourrissent d'insectes ; d'autres, tels que les *fauvettes*, les *merles* (fig. 47), mangent indifféremment des insectes et des baies ; d'autres encore, sans dédaigner les insectes, se nourrissent surtout de graines, qu'ils ouvrent avec leur bec : tels sont les *mésanges*, les *moineaux*, les *bouvreuils*, les *serins*, les *chardonnerets*, etc. Parmi les oiseaux des arbres ou passereaux se trouvent tous nos petits *oiseaux chanteurs*.

Quelques passereaux atteignent d'assez grandes dimensions et peuvent devenir, comme les *pies*, les *geais* et les *corbeaux*, de véritables carnassiers.

Les *perroquets*, qui ne sautent pas, volent mal, grimpent à l'aide de leurs pattes et de leur bec crochu, et saisissent les objets entre leurs doigts, habitent tous les pays chauds.

FIG. 48.—Bec et patte d'oiseau de proie (aigle).

65. — Enfin, les **oiseaux de proie** ou *rapaces*, se reconnaissent à leurs pattes robustes, à leurs ongles forts et recourbés constituant des *serres*, à leur bec puissant et crochu (fig. 48). Ils se nourrissent de petits oiseaux et de petits mammifères qu'ils chassent et qu'ils tuent. Les uns ne volent qu'au crépuscule et durant la nuit, ce sont les *rapaces nocturnes*, tels que les *hibous* (fig. 47) et les *chouettes;* les autres ne volent qu'en plein jour, ce sont les *rapaces diurnes*, tels que les *faucons*, les *milans*, les *buses*, les *aigles*, etc.

OISEAUX UTILES ET OISEAUX NUISIBLES

66. — Les oiseaux nous paraissent *utiles* ou *nuisibles*, comme les mammifères, suivant qu'ils nous disputent notre bien-être ou qu'ils nous aident à le conserver et à l'accroître.

Les oiseaux qui prélèvent une dîme sur le poisson de nos étangs ou le gibier de nos campagnes, comme beaucoup d'oiseaux d'eau, d'oiseaux de rivage ou d'oiseaux de proie diurnes, et même les corbeaux, les pies et les geais, sont des **oiseaux nuisibles**. Leur chair est rarement comestible.

Les oiseaux qui vivent de petits rongeurs, de vers, d'insectes (fig. 47) sont, au contraire, des oiseaux utiles par excellence, et il y en a dans les groupes les plus divers : tels sont les oiseaux de proie nocturnes, comme le *hibou*, la *chevêche*, le *chat-huant* (fig. 47), les petits oiseaux de rivage [*chevaliers*, *râles* (fig. 49); *bécassines*, *bécasses*], la plupart des passereaux, et même les passereaux qui se nourrissent de graines. Ces oiseaux mangent, en effet, toujours beaucoup d'insectes, et ils alimentent exclusivement leurs petits d'insectes variés et surtout de *chenilles*.

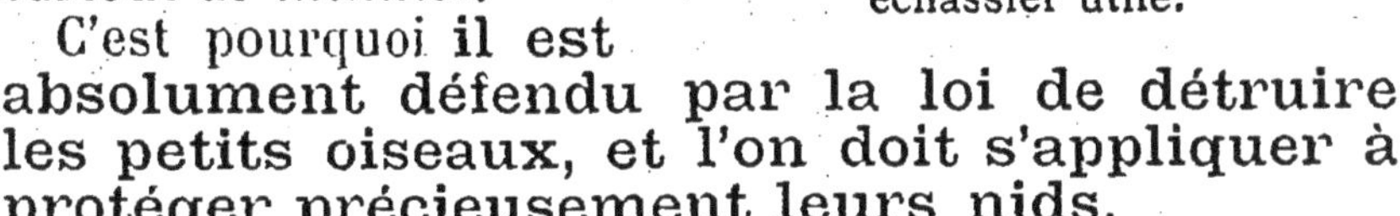

FIG. 49. — Le râle, *oiseau échassier*, échassier utile.

C'est pourquoi **il est absolument défendu par la loi de détruire les petits oiseaux, et l'on doit s'appliquer à protéger précieusement leurs nids.**

67. — La chair des oiseaux granivores et insectivores est, en général, bonne à manger. Aussi a-t-on domestiqué les plus gros de ces oiseaux. Ils peuplent nos *basses-cours* et nos *pigeonniers*. On mange même les œufs de quelques-uns. Les principaux oiseaux domestiques sont le *cygne*, l'*oie* et le *canard*, qui sont

FIG. 50. — **Coq et poule,** *oiseaux domestiques.*

des palmipèdes; le *paon*, le *faisan*, la *pintade*, le *dindon* et le *coq* (fig. 50), qui sont des gallinacés, et enfin les *pigeons*.

On a réussi aussi à domestiquer, en Afrique, les *autruches* (fig. 51), dont les plumes se vendent à un prix élevé, dont la force est utilisée pour la traction des voitures légères, et dont on mange aussi les œufs. L'autruche et quelques oiseaux analogues ne volent pas. Ce sont là des *oiseaux coureurs*.

ŒUF

68. — Les **œufs** des oiseaux (fig. 52) comprennent à peu près tous les

FIG. 51. — **Autruche.**

mêmes parties : leur coque calcaire est doublée d'une mince membrane qui contient le *blanc*, principalement formé d'une substance nommée *albumine*. Deux cordons tortillés, les *chalazes*, relient la membrane qui double la coque à une autre membrane qui contient le *jaune*. Sur le jaune, une petite tache blanchâtre, la *cicatricule*, est la région qui formera le jeune oiseau.

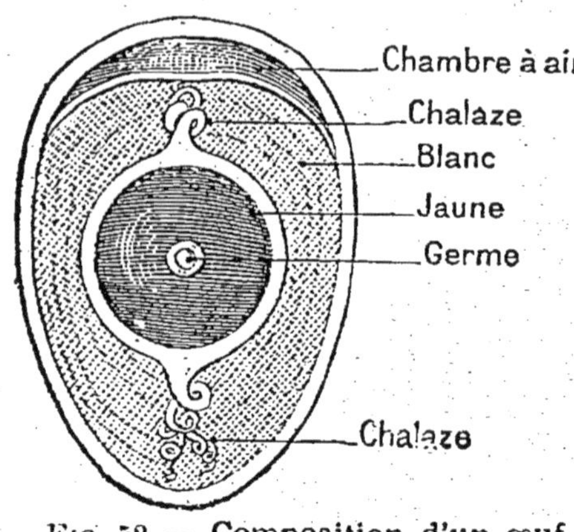

Fig. 52. — Composition d'un œuf d'oiseau.

Le jaune et le blanc ne sont là que pour nourrir ce dernier ; ils constituent des substances alimentaires de premier choix, non seulement pour l'oiseau, mais pour nous-mêmes.

Le jeune oiseau ne se développe dans l'œuf que sous l'influence de la chaleur ; c'est pourquoi les oiseaux construisent des **nids** dans lesquels ils *pondent* et *couvent* leurs œufs.

LES REPTILES

69. — Les *lézards* (fig. 53) ont, comme les mammifères, une *tête*, un *cou*, un *tronc*, une *queue* et quatre *pattes* terminées par cinq doigts, le tout soutenu par des os. Mais ils sont dépourvus de poils, et leur peau est simplement *grenue* ou *écailleuse*.

Fig. 53. — Un reptile ou *animal rampant* : le lézard.

Lorsqu'on la touche, cette peau semble *froide*, tandis que celle des mammifères et des oiseaux est *chaude;* de plus, tandis que, chez les mammifères et les oiseaux, les cuisses sont presque dressées verticalement, elles sont presque horizontales chez les reptiles : l'animal paraît ainsi affaissé entre ses jambes ; son ventre traîne sur le sol lorsqu'il se déplace, de là cette allure particulière qui fait dire qu'il *rampe*.

On désigne sous le nom de **reptiles** tous les animaux analogues au lézard et qui rampent comme lui.

70. — Les *reptiles* pouvant s'aider de leur ventre et de leur queue pour progresser sur le sol, les pattes ne leur sont pas indispensables. Quelques-uns les ont très courtes, comme les *scinques* du midi de la France ; d'autres n'en ont plus du tout, comme les *orvets*, qui sont des *lézards sans pattes*, et les *serpents*, qui diffèrent à première vue des orvets et des lézards par la grande facilité avec laquelle leur bouche peut s'élargir pour engloutir de grosses proies.

SERPENTS VENIMEUX

71. — Parmi les **serpents**, il en est d'inoffensifs : ce sont les *couleuvres* (fig. 54). D'autres sont munis sur le devant de la mâchoire supérieure de dents longues, crochues et creuses que l'animal enfonce brusquement d'un coup de tête dans le corps des animaux qu'il attaque et qui y déversent un venin *des plus dangereux*. Ces *serpents venimeux* sont les *vipères*.

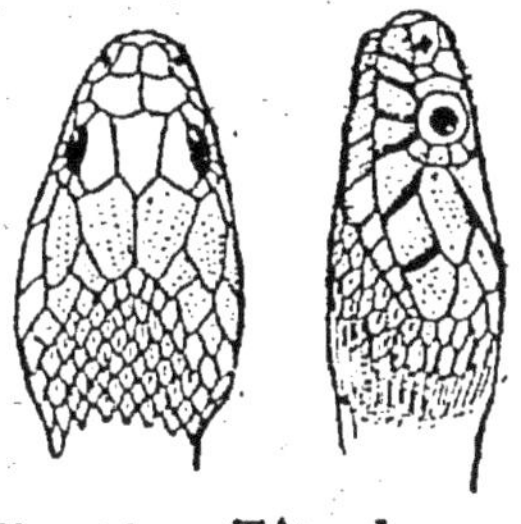

Fig. 54. — **Tête de couleuvre** ; elle est couverte de grandes écailles.

72. — Les *vipères* (fig. 55) ont la tête élargie en arrière ; le corps assez gros, la queue courte et arrondie au bout ; leur taille ne dépasse pas 75 centimètres ; elles sont brunes avec deux taches noires, en forme de V ouvert en arrière, sur la tête, et des taches noires disposées en zigzag sur le dos. Leur cou ne porte pas de collier blanc. Il faut toujours se défier des serpents qui présentent ces caractères et de ceux qui sont noirs, sans collier.

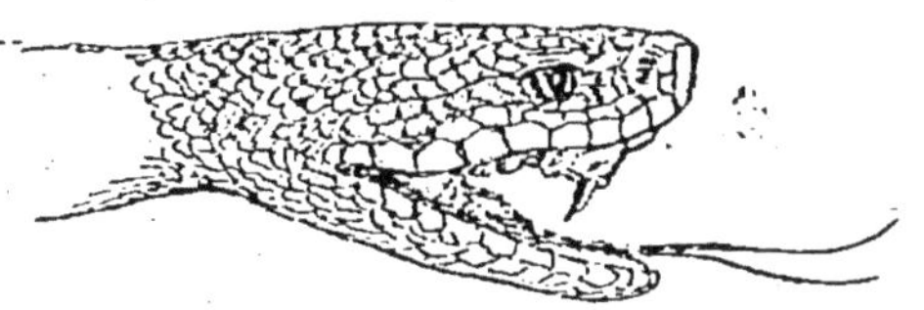

Fig. 55. — **Tête de vipère** ; elle est couverte d'écailles semblables à celles du corps.

Quand on a été mordu par un serpent, il faut tout de suite, en attendant le médecin, serrer le membre fortement avec un cordon entre la morsure et le corps, agrandir avec un canif et faire saigner la plaie en la suçant fortement, puis la laver avec une dissolution d'acide chromique ou de permanganate de potasse. Dans les pays infestés par les vipères, on doit toujours avoir à sa disposition une de ces substances. L'ammoniaque ou alcali volatil n'est pas, comme on le croit à tort, un contre-poison du venin des serpents. Le venin des vipères peut être avalé sans danger.

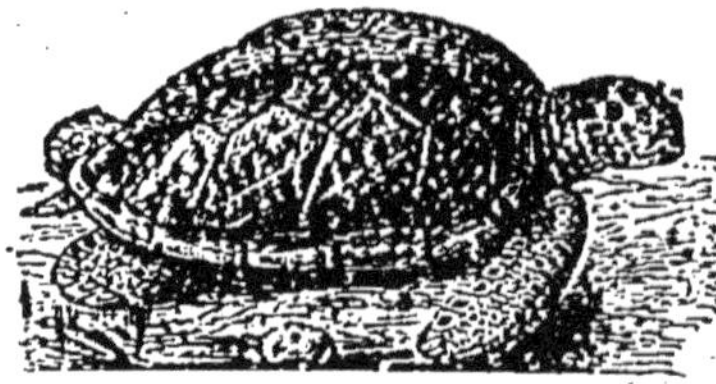

Fig. 56. — Tortue.

TORTUES ET CROCODILES

73.—Les **tortues** (fig. 56), dont le corps est couvert d'une carapace où elles peuvent abriter aussi leur tête, leurs pattes et leur queue, et les **crocodiles** (fig. 57), qui habitent les eaux des pays chauds où ils atteignent une très grande taille, sont aussi des **reptiles.** La peau des crocodiles est renforcée par des plaques osseuses, et leurs pieds sont palmés.

Fig. 57. — Crocodile.

74. — Les reptiles de nos pays sont tous des animaux utiles, à cause de la grande quantité d'insectes qu'ils détruisent. Les serpents mangent beaucoup de souris et de mulots; seules les vipères doivent être détruites, en raison de leur venin quelquefois mortel.

LES BATRACIENS

75. — Les *salamandres* (fig. 58), qu'on trouve dans les lieux humides, et les *tritons* (fig. 59), qui vivent dans l'eau, ressemblent beaucoup à des lézards: ils n'en diffèrent que par leurs mouvements plus lents et surtout parce que leur peau, au lieu d'être sèche, dure et écailleuse, est humide, molle et sans écailles. Les *crapauds*, les *rainettes* et les *grenouilles* ne diffèrent des salamandres que par leur corps plus large, leurs pattes plus longues et l'absence de queue; aussi appelait-on autrefois ces ani-

Fig. 58. — Salamandre terrestre.

maux des *reptiles à peau nue;* on les appelle aujourd'hui des *batraciens.*

Les **batraciens** aiment le voisinage des eaux et y re-

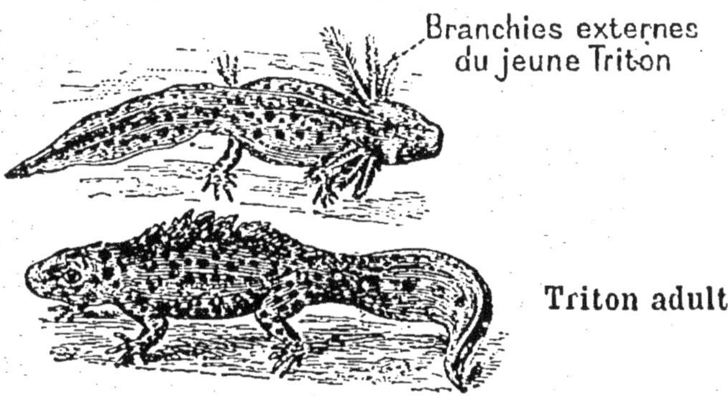

Fig. 59. — **Triton à crête** (*jeune et adulte*).

tournent presque tous pour pondre. C'est aussi dans les eaux que se passe la première période de leur vie. A ce moment ils ne ressemblent pas à ce qu'ils seront plus

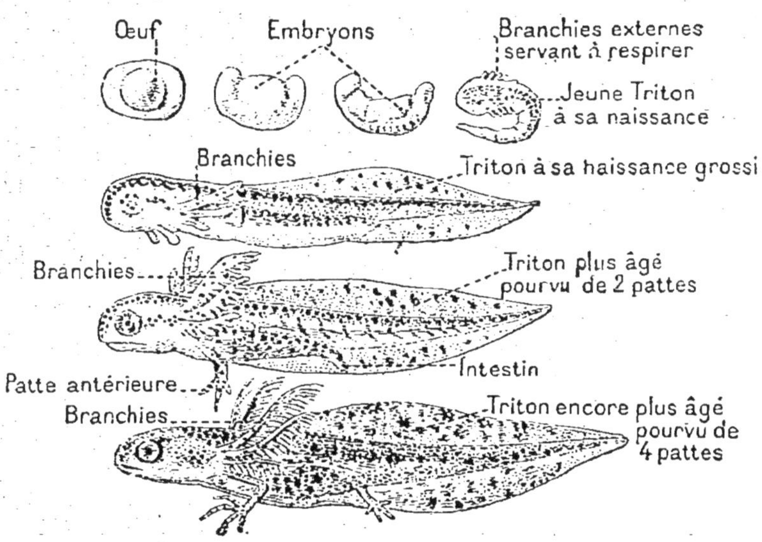

Fig. 60.— **Métamorphoses du triton.**

tard ; ils naissent sans pattes (fig. 60), portent de chaque côté du cou une houppe de filaments charnus qui servent à leur respiration, et possèdent une longue queue aplatie. Ce sont des *têtards,* assez semblables à des poissons.

On appelle *métamorphose* le changement de forme que présentent les batraciens après leur naissance.

La métamorphose consiste dans la disparition des houppes respiratoires du cou, dans le développement des pattes et, chez les batraciens sans queue, dans la disparition de cet organe (fig. 61).

Par leurs métamorphoses, les batraciens s'éloignent encore plus des reptiles que par tous leurs autres caractères.

Les salamandres et les crapauds sont des animaux utiles, malgré la répulsion qu'ils inspirent, en raison du grand nombre d'insectes qu'ils mangent.

Fig. 61. — **Métamorphoses du crapaud : A.** Œufs. **C. D.** Têtards au moment de l'éclosion. **E. F. G. H.** Transformations successives du têtard. **I.** Têtard ayant encore un reste de queue. **J.** Crapaud.

LES POISSONS

76. — Les poissons (fig. 62) diffèrent par des caractères très frappants des animaux que nous venons d'étudier :

1º Ils habitent exclusivement dans l'eau, et la plupart meurent dès qu'on les en sort.

2º Leur tête n'est pas séparée de leur corps par un cou.

3º Immédiatement en arrière de la tête, la plupart présentent une fente qui communique avec la bouche et par laquelle on aperçoit les *ouïes* ou *branchies*, qui sont les organes de la respiration.

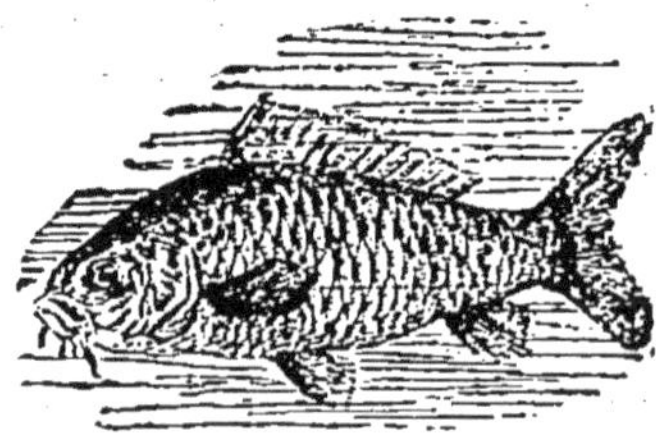

Fig. 62. — Un poisson. La carpe : *une seule nageoire dorsale* à rayons mous.

4° Il n'y a plus de pattes, mais à leur place des palettes aplaties, soutenues par des rayons et qu'on nomme les *nageoires paires*.

5° Le long de l'épine dorsale, autour de la queue, en arrière de l'anus, il y a aussi des crêtes verticales qui sont les *nageoires dorsales, caudale* et *anale*.

6° Le corps est couvert de plaques qu'on nomme les *écailles* et qui s'enlèvent facilement une à une, au lieu de tenir à la peau comme celles des reptiles.

Fig. 63. — **Perche :** *deux nageoires dorsales;* la première à rayons épineux, d'une seule pièce.

77. — Malgré ces différences, les poissons ressemblent encore aux batraciens, aux reptiles, aux oiseaux et aux mammifères, puisqu'ils ont comme eux quatre membres symétriques, puisqu'à l'exception des poumons ils ont à peu près les mêmes organes, puisque leur sang est rouge, et puisque les parties molles de leur corps sont soutenues par des os groupés autour d'une colonne vertébrale et constituant un squelette. On désigne sous le nom de **vertébrés** les animaux qui présentent ces caractères.

Fig. 64. — **Lamproie,** *poisson cartilagineux.*

Déjà, chez certains poissons, le squelette est flexible et cartilagineux; tels sont la *lamproie* (fig. 64), le *requin,* la *raie,* l'*esturgeon* (fig. 65).

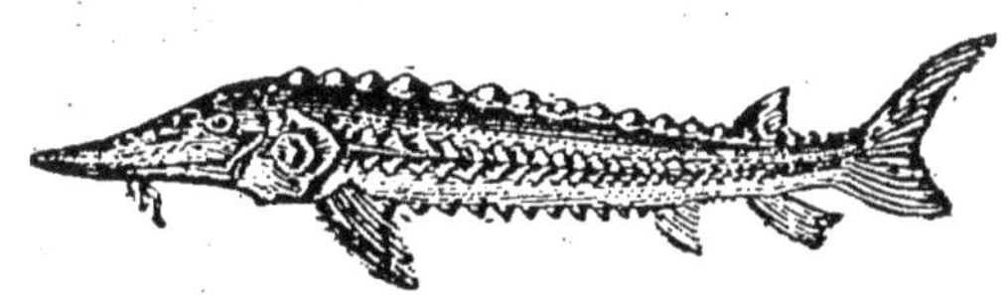

Fig. 65. — **Esturgeon,** *poisson cartilagineux.*

78. — Il ne faut pas confondre avec les poissons, comme on le fait souvent, tous les animaux de quelque dimension qui habitent les eaux. Nous avons déjà vu que la *baleine,* le *dauphin,* le *marsouin* n'étaient pas des poissons, mais des mammifères aquatiques, de même l'**écrevisse n'est pas un poisson.**

NOURRITURE DES POISSONS. PISCICULTURE

79. — Les aliments des poissons varient comme ceux

des animaux terrestres : il y a des poissons qui associent des aliments végétaux aux vers et aux petits animaux aquatiques, tels sont les *goujons*, les *tanches*, les *carpes* (fig. 62), etc.; d'autres, qui attrapent au vol les mouches, les papillons ou les autres menus insectes, quand ces insectes approchent de l'eau, et ne les mangent que vivants; telles les *truites* (fig. 66) et les *perches* (fig. 63). D'autres enfin sont de véritables carnassiers et détruisent tout ce qui vit autour d'eux : les *brochets* (fig. 67) sont, à ce point de vue, des hôtes très dangereux des étangs.

Fig. 66. — Truite : *à deux nageoires dorsales molles.*

Fig. 67. — Brochet *à une seule nageoire dorsale* située en arrière.

80.—Les poissons constituent une précieuse ressource alimentaire. La mer en fournit plus encore que les eaux douces, et les produits de la pêche maritime, dont les plus singuliers sont les *poissons plats* (fig. 68), constituent pour la population de nos côtes une véritable richesse ; malheureusement, **une pêche immodérée, la capture fréquente du poisson à l'époque du frai, le peu de souci qu'on** apporte à entretenir la pureté des eaux de rivière, le préjugé qu'il n'est **pas nécessaire de ménager aux poissons des aliments, ont diminué le nombre de poissons de nos cours d'eau et de nos pêcheries maritimes.** Une science spéciale, la *pisciculture*, se propose de cultiver les poissons dans les cours d'eau et sur nos côtes, comme on entretient le gibier dans les parcs de chasse, d'élever même certaines espèces maritimes; elle commence à donner de beaux résultats.

Fig. 68. — Turbot : *poisson plat* qui vit couché sur son côté droit.

ENTRETIENS

Les Oiseaux.

58. — En quoi les oiseaux et les mammifères se ressemblent-ils?

Le corps des oiseaux est formé des mêmes parties que celui
des mammifères ; il est soutenu par un squelette ; il est
chaud.

59. — En quoi les oiseaux diffèrent-ils des mammifères?

Les oiseaux diffèrent des mammifères parce qu'ils ont un *bec*
au lieu de dents; des *ailes* au lieu de pattes antérieures ; des
plumes au lieu de poils, et parce qu'ils pondent des *œufs* au
lieu de mettre au monde des petits vivants.

60. — Comment divise-t-on les oiseaux?

On divise les oiseaux en *oiseaux d'eau* ou *palmipèdes, oiseaux de
rivage* ou *échassiers, oiseaux des champs* ou *marcheurs, oiseaux des arbres* ou *passereaux, oiseaux grimpeurs* ou *perroquets, oiseaux de proie* ou *rapaces,* et *oiseaux coureurs,*
incapables de voler.

61. — A quoi reconnaît-on les oiseaux d'eau?

Les oiseaux d'eau ont les pieds transformés en *nageoires* par
une palmure. Exemple : le *canard.*

62. — Quels sont les caractères des oiseaux de rivage?

Les oiseaux de rivage ont les pattes, le cou et le bec, ou tout
au moins le bec, très allongés. Exemples : la *cigogne,* la
bécasse.

63. — Quels sont les caractères des oiseaux des champs?

Les oiseaux des champs ont les pattes robustes, les ongles
courts et plats, le bec légèrement crochu. Les uns volent mal
et perchent rarement, tels le *coq* et la *perdrix*; les autres
volent bien et perchent souvent ; tels les *pigeons.*

64. — Comment distingue-t-on les oiseaux des arbres?

Les oiseaux des arbres sont de petite taille ; ils ont les pattes
grêles, les ongles allongés et recourbés; ils sautent plus
qu'ils ne marchent. Exemples : le *moineau,* la *fauvette,* le
corbeau.

65. — Quels sont les caractères des oiseaux de proie?

Les oiseaux de proie ont des pattes robustes, des ongles forts
et recourbés, un bec crochu et solide. Exemples : le *faucon,*
le *hibou.*

66. — Les petits oiseaux nous rendent-ils de grands services?

Les petits oiseaux sont les plus précieux protecteurs de nos récoltes, en raison de la grande quantité d'insectes qu'ils détruisent, et c'est une grosse faute que les dénicher.

67. — Quels sont les principaux oiseaux domestiques et à quoi nous servent-ils ?

Les principaux oiseaux domestiques sont le *coq* et la *poule*, les *canards*, les *oies*, les *dindons* et les *pigeons*. Ils nous fournissent leur chair et leurs œufs qui sont des aliments substantiels.

68. — Que contiennent les œufs des oiseaux ?

Les œufs des oiseaux sont formés d'un *jaune*, contenant la *cicatricule*, lieu de formation du jeune oiseau, et enveloppé d'un *blanc* entouré lui-même d'une membrane qui double la *coque*.

Les Reptiles.

69 — En quoi un lézard diffère-t-il des mammifères, et comment nomme-t-on les animaux semblables au lézard ?

Les lézards diffèrent des mammifères par l'absence de poils, la structure écailleuse de la peau, la sensation de froid qu'ils produisent quand on les touche, la direction horizontale de leurs bras et de leurs cuisses qui laissent traîner leur ventre à terre.

Les animaux semblables au lézard s'appellent des *reptiles* parce qu'ils *rampent* comme lui au lieu de marcher.

70. — Tous les reptiles ont-ils des pattes ?

Il y a des reptiles sans pattes, tels sont les *orvets* et les *serpents*.

71. — Les serpents sont-ils inoffensifs comme les lézards ?

Il y a des serpents inoffensifs et même utiles : ce sont les *couleuvres*, et des serpents venimeux : ce sont les *vipères*.

72. — A quoi reconnaît-on les vipères ?

On reconnaît les vipères aux crochets venimeux de leur mâchoire supérieure, aux écailles de leur tête, presque semblables à celles du corps, au V noir dont leur cou est marqué.

73. — Connaissez-vous d'autres reptiles que les lézards et les serpents ?

Outre les lézards et les serpents, on range encore parmi les reptiles les *tortues*, dont le corps est couvert d'une carapace, et les *crocodiles*, qui sont les plus grands des reptiles.

74. — La répulsion qu'inspire la plupart des reptiles est-elle justifiée ?

Non ; car, parmi les reptiles de nos pays la vipère est nuisible seule ; tous les autres reptiles sont utiles à l'agriculture.

Les Batraciens.

75. — Les salamandres, les grenouilles, les rainettes et les crapauds diffèrent-ils des reptiles ?

Les *salamandres*, les *grenouilles*, les *rainettes* et les *crapauds* ont la peau nue et humide ; à leur naissance, ils sont aquatiques, respirent à l'aide de branchies, manquent de pattes, ont toujours une queue et doivent changer de forme, autrement dit se *métamorphoser*, pour arriver à l'état adulte. Ils se distinguent par là des reptiles et forment une classe à part, celle des *batraciens*.

Les Poissons.

76. — A quoi reconnaît-on les poissons ?

Les *poissons* vivent dans l'eau ; ils n'ont pas de cou, respirent à l'aide de branchies couvertes par les ouïes, se meuvent à l'aide de quatre nageoires paires qui remplacent les pattes et auxquelles s'ajoutent des nageoires médianes ; leur peau produit des écailles.

77. — Qu'appelle-t-on vertébrés ?

On réunit sous le nom de *vertébrés* les mammifères, les oiseaux, les reptiles, les batraciens et les poissons, parce que tous ces animaux ont une colonne vertébrale à laquelle s'attachent les autres pièces du squelette.

78. — Pouvez-vous citer des animaux aquatiques qui ne soient pas des poissons?

Les *baleines*, les *dauphins*, les *marsouins*, les *écrevisses* ne sont pas des poissons.

79. — De quoi se nourrissent les poissons ?

Les poissons se nourrissent presque tous d'insectes, de vers ou de poissons plus petits ; quelques-uns y ajoutent des aliments d'origine végétale.

80. — Que faut-il faire pour empêcher le dépeuplement de nos eaux?

Pour empêcher le dépeuplement des eaux il est nécessaire de permettre le développement dans ces eaux des animaux dont se nourrissent les poissons, de leur ménager des lieux de ponte, de modérer la pêche, surtout à l'époque du frai, enfin de détourner des rivières les eaux empoisonnées qu'y versent les usines.

Sujets de Rédaction.

19. LES OISEAUX. — Plan : Caractères qui distinguent les oiseaux des mammifères. — Principales formes d'oiseaux : oiseaux des eaux, oiseaux des rivages, oiseaux des champs, oiseaux des arbres, oiseaux de proie. Caractères distinctifs de ces diverses sortes d'oiseaux ; espèces les plus répandues dans nos pays.

20. OISEAUX NUISIBLES ET OISEAUX UTILES. — Plan : Oiseaux destructeurs du gibier. — Oiseaux granivores nuisibles aux cultures : pies, geais. — Utilité des petits oiseaux, même quand ils sont granivores. — Oiseaux exclusivement insectivores. — Oiseaux domestiques.

21. LES REPTILES. — **Plan :** Caractères distinctifs des reptiles. — Utilité de certains reptiles. — Vipères; caractères qui les distinguent des couleuvres; effets de leurs morsures; moyens de les conjurer.

22. LES BATRACIENS. — **Plan :** Rapports et différences des batraciens et des reptiles. — Métamorphose des batraciens. — Utilité des batraciens et notamment des crapauds et des salamandres.

23. — LES POISSONS. — **Plan :** Genre de vie spécial des poissons; organes nouveaux qu'il implique : branchies, nageoires. — Régime alimentaire des principales sortes de poissons de nos rivières. — Importance alimentaire des poissons. — Causes du dépeuplement des rivières; moyens d'y remédier. — Idée de la pisciculture.

CINQUIÈME LEÇON

Sommaire : LES ANIMAUX ARTICULÉS. — LES VERS. — LES MOLLUSQUES. — LES ZOOPHYTES. — LES INFUSOIRES.

LES ANIMAUX ARTICULÉS

81. — Le *hanneton*, le *mille-pattes*, l'*araignée*, l'*écrevisse* n'ont point d'os à l'intérieur de leur corps pour en

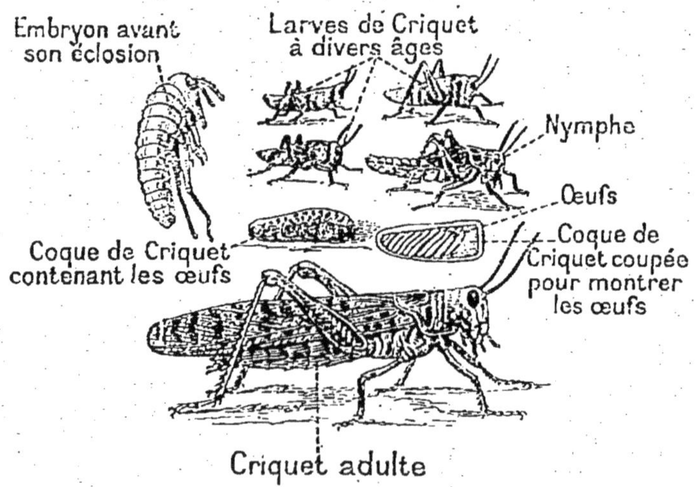

FIG. 69. — Les **trois** états d'une sauterelle (le **criquet**) *insecte à métamorphose incomplète.*

soutenir les parties molles. Leur corps est protégé par une sorte de *vernis* très dur, quelquefois pierreux, qui laisse cependant apparaître sa **division en segments mobiles,** placés bout à bout. Les animaux dont le corps est ainsi fait de segments mobiles portent le nom d'articulés.

Chez les *articulés*, le nombre de pattes n'est plus de quatre comme chez les vertébrés ; chaque segment ne porte jamais qu'une paire de pattes, mais trois, quatre, cinq segments, parfois tous les segments du corps peuvent en être munis.

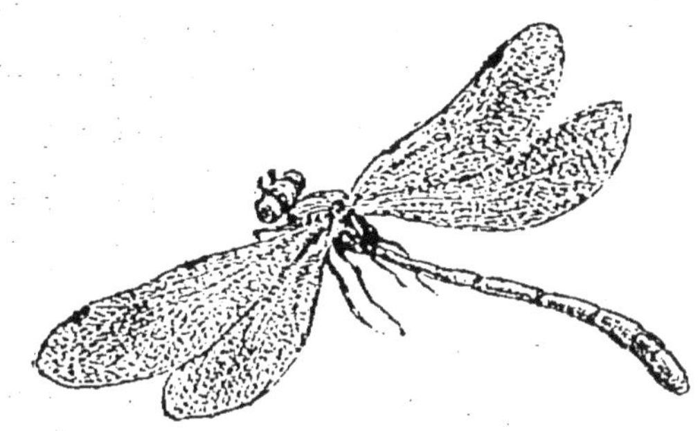

FIG. 70. — La **Libellule** a *trois paires* de pattes et *deux paires* d'ailes.

82. — Les *hannetons,* les *sauterelles* (fig. 69), les *libellules* (fig. 70), les *abeilles*, les *papillons,* les *mouches* ont *trois* paires de pattes et deux ou quatre ailes. Les *articulés* qui ont ainsi trois paires de pattes sont les **insectes.** Seuls parmi les articulés, ils peuvent avoir des ailes.

Les *araignées,* les *faucheurs,* les *mites,* les *scorpions* (fig. 71) ont une paire de pattes-mâchoires servant à palper ou à saisir, et *quatre* paires de pattes servant à marcher; ce sont les **arachnides.**

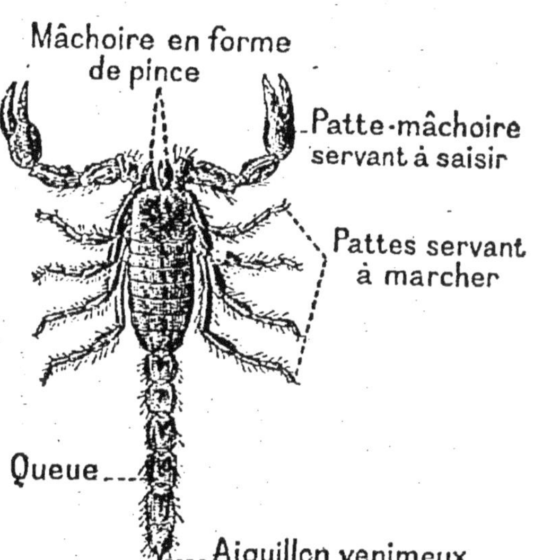

FIG. 71. — Le **Scorpion** a *deux paires* de mâchoires en forme de *pince* (mâchoires et pattes-mâchoires) et *quatre paires* de pattes servant à marcher.

Les *mille-pieds* (fig. 72) ont une paire de pattes *semblables entre elles* à tous les segments du corps. Le grand nombre de leurs pattes leur a fait donner le nom de *myriapodes,* qui signifie dix mille pieds.

Les *écrevisses* ont aussi une paire de pattes à chaque segment; mais *ces pattes sont fort différentes les unes des autres*, et les cinq premières paires servent seules à marcher. Les écrevisses et les articulés qui passent comme elles toute leur existence dans l'eau sont des **crustacés**. Il y a un grand nombre de crustacés marins qui sont fort recherchés pour la table, tels sont le *homard*, les *crabes*, la *langouste*, les *crevettes* (fig. 73).

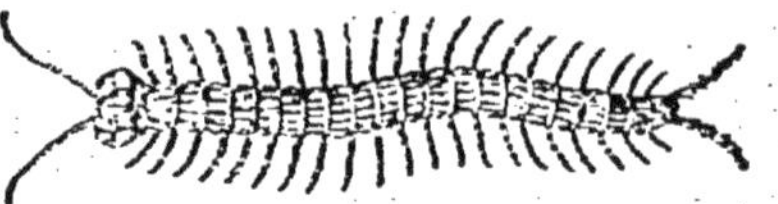

Fig. 72. — Le **Mille-pieds** a *une paire* de pattes à chaque segment.

Fig. 73. — La **Crevette** est un *crustacé*.

Par exception, certains crustacés sont *terrestres*; le plus commun est le *cloporte*, qui vit dans les endroits obscurs, jusque dans nos maisons.

LES INSECTES

83. — Les **insectes** méritent une attention toute particulière : 1° en raison des changements de forme ou *métamorphoses* qu'ils subissent au cours de leur vie; — 2° en raison des pertes que beaucoup d'entre eux nous infligent et des services que quelques-uns nous rendent.

Les insectes passent, en général, par trois états : l'état de *larve*, l'état de *nymphe* et l'*état parfait*. Les **larves** n'ont jamais d'ailes; chez les **nymphes**, les ailes sont représentées par de simples écailles, incapables de servir à aucun usage; enfin, l'**insecte parfait** a ordinairement des ailes bien développées.

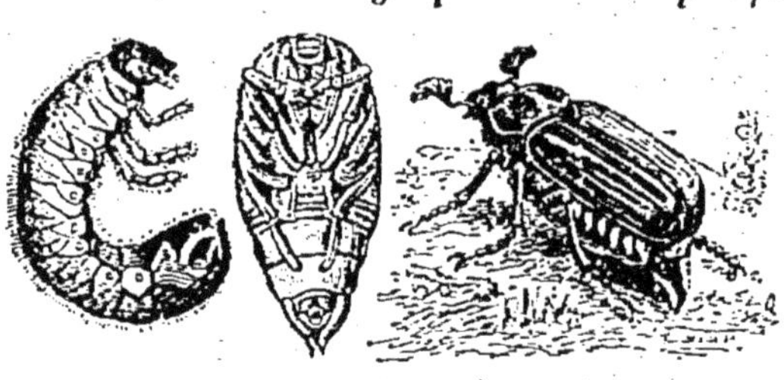

Larve.   Nymphe.   Insecte parfait.

Fig. 74. — Larve, Nymphe et état parfait du **Hanneton**. *Insecte à métamorphose complète.*

84. — Quelquefois la larve et la nymphe ne diffèrent de l'insecte parfait que par leur taille plus petite et l'absence d'ailes véritables; la nymphe est aussi active que la larve et l'insecte parfait; on dit alors la **métamorphose incomplète**. C'est ce qu'on voit chez les *sauterelles* (fig. 69), les *punaises*, etc.

Le plus souvent la larve est très différente de l'insecte parfait; la nymphe demeure presque entièrement immobile et ne prend aucune nourriture; on dit alors la **métamorphose complète**. C'est le cas pour les *hannetons* (fig. 74), les *cerfs-volants* (fig. 75), les *abeilles* (fig. 82), les *papillons* (fig. 79), les *mouches*, etc.

85. — Les larves des insectes à métamorphose complète sont souvent désignées sous les noms de *vers* ou de *chenilles*. Le *ver-blanc* est la larve du hanneton; le *ver* des noisettes, celui des noix, celui des pommes sont des larves de papillons; le *mouton* ou *ver de la cerise* est la larve d'une mouche; les *vers de la viande* sont les larves de la grosse mouche bleue des boucheries; les *chenilles* sont les larves des *papillons*.

Habituellement, lorsque ces larves sont sur le point de passer à l'état de nymphe, elles s'enterrent ou s'enveloppent d'un cocon; ainsi à l'abri, elles rejettent la peau de la larve et la *nymphe* apparaît, protégée par une épaisse cuirasse brune qui enserre les pattes et les ailes encore très petites, et ne laisse mobile que l'abdomen.

L'*insecte parfait* sort au bout de quelques semaines de la peau de la nymphe; il possède dès son éclosion sa taille définitive et ne vit guère qu'une saison.

INSECTES NUISIBLES

86.—Soit à l'état de larve, soit à l'état parfait, un très grand nombre d'insectes sont herbivores, c'est-à-dire qu'ils rongent les feuilles, le bois, les racines des plantes ou, comme les *punaises*, les *pucerons*, se nourrissent de leur sève. Les *insectes herbivores* sont nuisibles lorsqu'ils s'attaquent aux prairies ou aux plantes cultivées; c'est à l'état de larve qu'ils mangent le plus; à cet état, par conséquent, qu'ils sont le plus nuisibles.

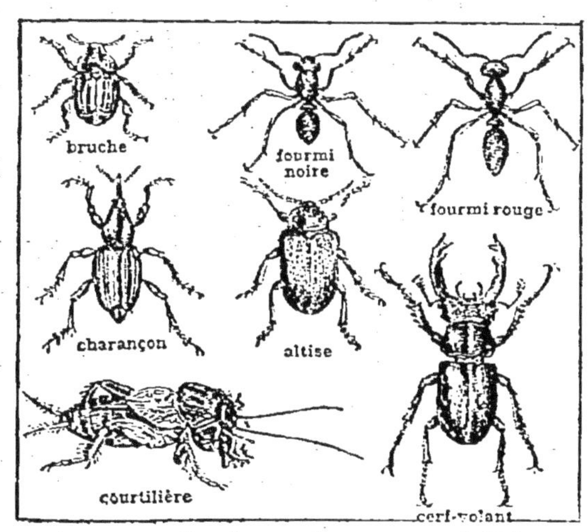

FIG. 75. — Quelques insectes nuisibles.

Nous citerons, parmi les **insectes nuisibles**, le *hanneton*, à l'état de larve et à l'état parfait; les larves des *cerfs-volants* (fig. 75), des *bruches* (fig. 75), des *charançons* (fig. 75), des *altises* (fig. 75), qui rongent les feuilles de la vigne; des *capricornes*, et d'une foule d'autres insectes qui rongent le bois des arbres; les *chenilles*, en général, et surtout la *tordeuse de la vigne*, et la *teigne des tapisseries;* les *pucerons* et, à leur tête, le *phylloxéra* (fig. 76), qui s'attaque aux racines des

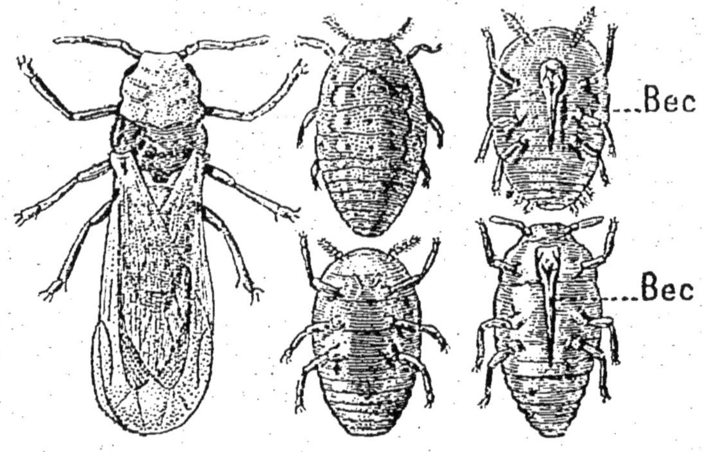

FIG. 76. — Le Phylloxéra sous ses formes diverses.

vignes et détermine leur mort; les *courtilières* (fig. 75), sortes de gros grillons, qui vivent sous terre comme les taupes; les *criquets* (fig. 69), qui, dans les pays chauds, détruisent toutes les récoltes; les *cancrelats* ou *blattes*, qui infestent les boulangeries, les cuisines et les salles à manger des auberges, des hôpitaux et des pensionnats mal tenus, etc.

D'autres insectes s'attaquent directement à nous, on les appelle des **parasites;** tels sont les *punaises des lits*, les *puces* et les *poux*.

Les insectes pondent un très grand nombre d'œufs; aussi leur multiplication est-elle si rapide qu'on a cru longtemps que certains d'entre eux, les *poux*, par exemple, se formaient spontanément. Il n'en est rien : **des soins de propreté quotidiens suffisent pour que l'on soit à l'abri des poux et autres**

parasites; mais la moindre négligence expose à leur invasion.

87. — Si le nombre des insectes nuisibles est incalculable, celui des **insectes utiles** est assez restreint : on peut considérer comme utiles les *insectes carnassiers*, les *cantharides* qui servent à fabriquer les vésicatoires, etc. Quelques insectes ont cependant une utilité assez grande pour

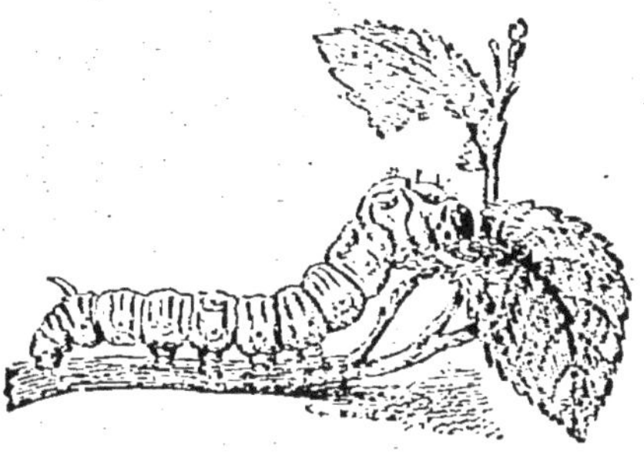

FIG. 77. — Ver à soie.

que nous prenions soin de les élever, ce sont : les *vers à soie*, les *abeilles* et les *cochenilles*.

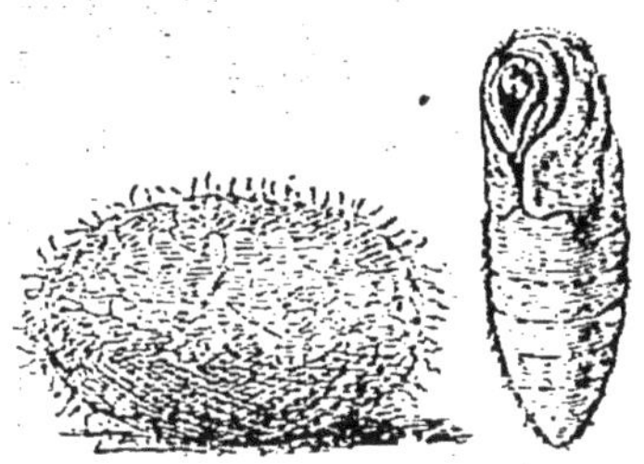

FIG. 78. — **Cocon du ver à soie et nymphe** ou *chrysalide* contenue dans le *cocon*.

FIG. 79. — **Papillon du ver à soie** ou *bombyx du mûrier*.

88. — Le *ver à soie* ou *magnan* (fig. 77) est la chenille

FIG. 80. — Atelier de dévidage des cocons.

d'un papillon de nuit, le *bombyx du mûrier* (fig. 79), originaire de la Chine et du Japon. Il éclot dès le premier printemps; on le nourrit à l'aide des feuilles du *mûrier blanc* dans des établissements nommés *magnaneries*.

Après cinq changements de peau ou *mues*, le ver, dont l'existence ne dure guère plus d'un mois, se file un cocon où il se change en *chrysalide* (fig. 78), puis en *papillon* (fig. 79). On tue la chrysalide des cocons qui servent à fournir la soie en les plongeant dans l'eau bouillante. On dévide ensuite le cocon (fig. 80 et 81).

Fig. 81. — Un autre atelier montrant les *cocons* dans les *cuves* et, derrière les ouvrières, les *bobines* sur lesquelles s'enroule le fil de soie.

Les vers à soie sont sujets à des maladies, dont les deux plus meurtrières, la *muscardine* et la *pébrine*, sont produites par des parasites microscopiques. M. Pasteur a donné le moyen de faire disparaître la pébrine.

LES ABEILLES

89. — Les abeilles (fig. 82) sont élevées dans des *ruches* de forme variée, où elles construisent des rayons de miel verticaux, parallèles les uns aux autres (fig. 83). Chaque rayon comprend deux rangs

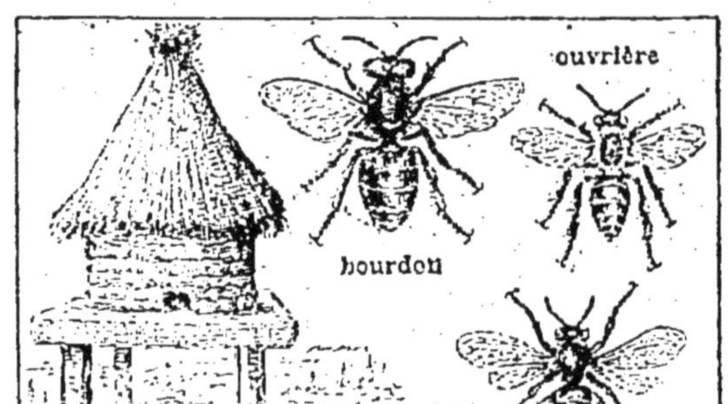

Fig. 82. — Une ruche de paille. — A droite, les trois sortes d'*abeilles* d'une ruche.

opposés d'*alvéoles* à six pans, s'ouvrant sur chacune de ses faces. Les alvéoles sont faits en *cire* et remplis de *miel*.

Une ruche comprend trois sortes d'abeilles (fig. 82): 1° la *reine* ou *femelle*, qui est toujours unique et qui pond les œufs d'où sortent tous les autres habitants de la ruche; 2° les *ouvrières*, au nombre de 20 à 40 000, qui fabriquent les rayons, les emplissent de miel et élèvent les larves; 3° les *bourdons* ou *mâles* qui ne travaillent pas et n'ont qu'une courte existence.

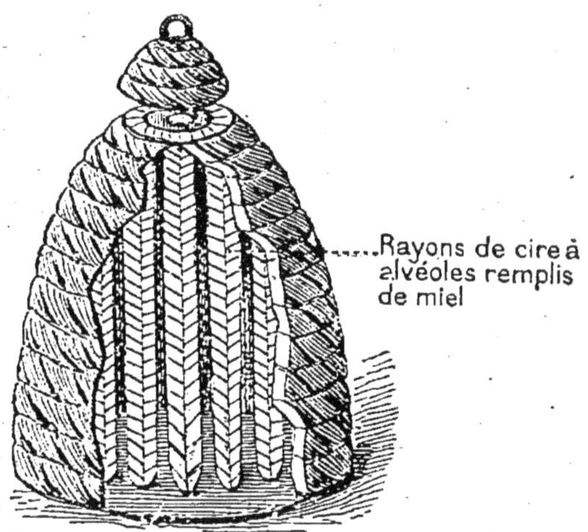

FIG. 83. — **Ruche de paille,** dont une partie a été enlevée pour montrer les *rayons verticaux de cire* construits par les abeilles.

90. — Les abeilles recueillent sur les plantes divers liquides sucrés, notamment le *nectar* des fleurs, qui se transforment en miel dans leur *jabot* (fig. 84), sorte d'estomac; elles se nourrissent en partie de ces matières sucrées et dégorgent le reste sous forme de miel dans les alvéoles des rayons. Elles hument aussi le miel et nourrissent leurs larves

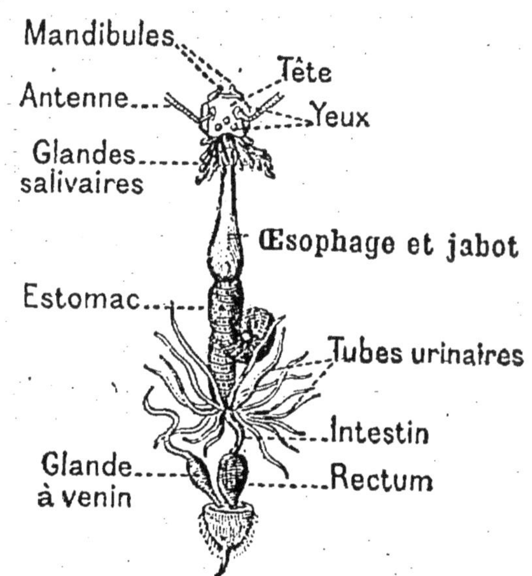

FIG. 84. — **Appareil digestif de l'abeille.**

à l'aide d'un mélange de miel et de pollen des fleurs. Le miel digéré par l'abeille se transforme en *cire* que l'on voit sortir en lamelles entre les segments de l'abdomen.

Quand les abeilles d'une ruche sont trop nombreuses,

quelques centaines d'entre elles, formant ce qu'on appelle un *essaim*, quittent la ruche et vont fonder une nouvelle société. On recueille les essaims dans d'autres ruches.

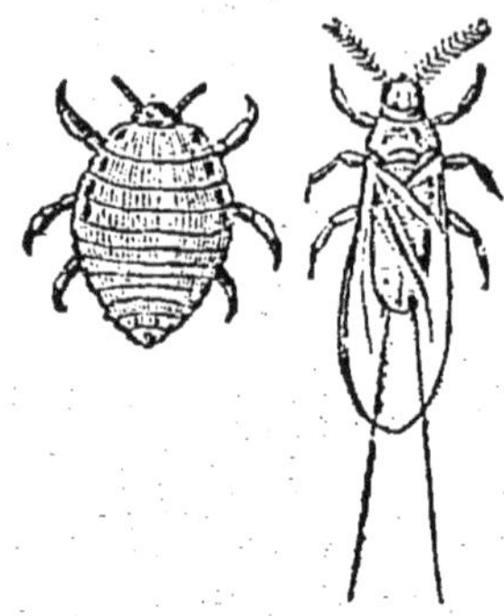

FIG. 85. — Cochenille, à droite *mâle*, à gauche *femelle*.

91. — Les *cochenilles du nopal* (fig. 85) fournissent une couleur fort importante, le *carmin*. Elles vivent sur une sorte de *cactus à raquettes*, le *nopal*, cultivé dans les pays chauds : Espagne, Algérie, Canaries, etc.

Une autre espèce de cochenille, la *cochenille laque*, qui vit principalement sur le figuier de l'Inde, fournit la laque dont on fait la cire à cacheter et les vernis les plus solides.

LES ARACHNIDES

92. — Grands destructeurs d'insectes, les *scorpions* et les *araignées* pourraient, parmi les **arachnides**, passer pour des animaux utiles; mais l'aiguillon que les scorpions portent au bout de leur queue (fig. 74, page 57) contient un venin dangereux. Les

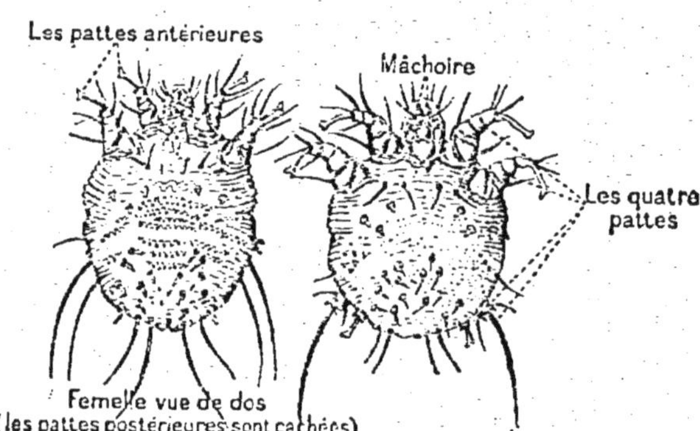

FIG. 86. — Le **Sarcopte** ou *mite* de la gale très grossi; l'animal est à peine visible.

araignées ont sur le devant de la tête des crochets venimeux dont la morsure est souvent douloureuse; enfin une espèce de *mite*, le *sarcopte de la gale* (fig. 86), qui creuse des galeries sous la peau de l'homme, produit la repoussante maladie contagieuse qu'on nomme la *gale*. Une simple poignée de main donnée à un galeux expose à contracter cette maladie. La *tique*, qui se fixe aux oreilles des chiens et attaque assez souvent l'homme, est une mite de grande taille.

LES VERS

93. — Il y a des animaux dont le corps est formé de segments placés bout à bout, comme celui des articulés, mais demeure absolument mou et ne porte pas de pattes. Ce sont les **vers**. Ils ressemblent souvent à des larves

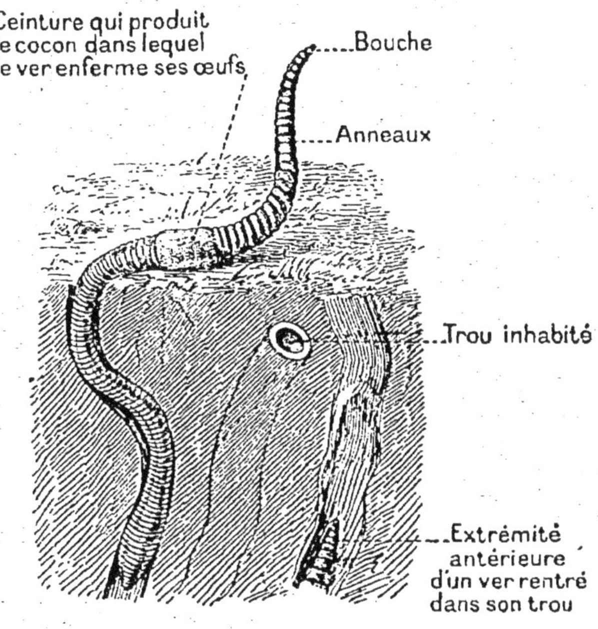

FIG. 87. — Le **Ver** de terre, son trou.

d'insectes, mais ne se transforment pas comme ces dernières. On peut citer comme exemples de vers les *lombrics* ou *vers de terre* (fig. 87), qui ne sont pas sans utilité pour l'agriculture ; les *sangsues*, dont une espèce est employée en médecine pour pratiquer de petites saignées. **D'ailleurs, on considère comme des vers la plupart des animaux sans pattes, dont le corps est mou, cylindrique allongé ou aplati, alors même qu'on ne peut y reconnaître de segments.**

94. — Certains vers vivent dans nos organes et surtout dans nos intestins : on dit qu'ils sont **parasites**. Le plus commun est l'*ascaride*, qui est en forme de long fuseau (fig. 88). Dans notre intestin vit aussi le *ténia* ou *ver solitaire* (fig. 89), en forme de ruban aplati, de plusieurs mètres de long, aminci à une extrémité seulement, et

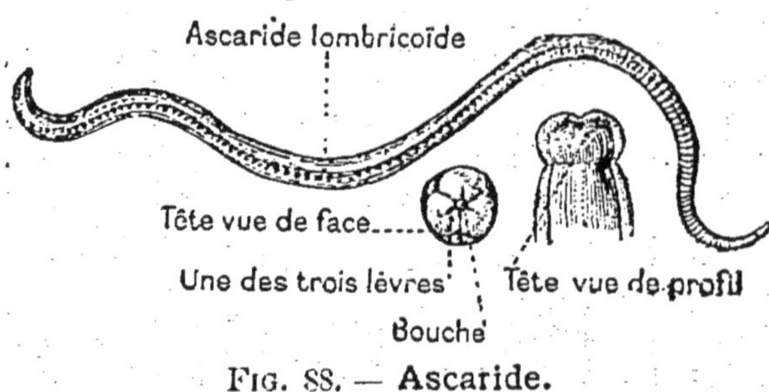

Fig. 88. — Ascaride.

divisé en segments gros comme des graines de citrouille. La *trichine* est un ver microscopique qui se loge dans nos muscles.

95. — On ne prend des *ascarides* qu'en avalant leurs œufs qui sont habituellement contenus dans l'eau, mais qui sont trop petits pour être vus facilement à l'œil nu.

On évitera les ascarides et les parasites analogues en ne buvant que de l'eau filtrée.

On contracte le *ver solitaire* en mangeant de la viande de *porc ladre* insuffisamment cuite. La viande de bœuf ou de veau saignante peut également servir de moyen d'arrivée dans notre intestin à une autre espèce de ver solitaire. On s'infecte

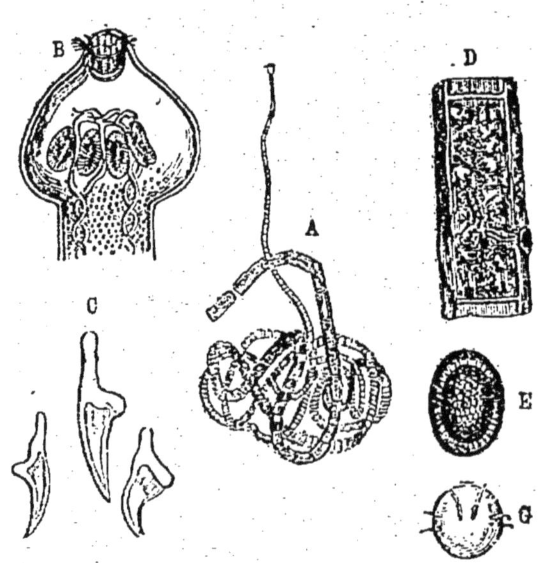

Fig. 89. — Le **Ténia** ou *ver solitaire*. A. Ténia entier. B. Tête grossie. C. Crochets isolés. D. Un des anneaux reproducteurs dont le corps est composé. E. Œuf grossi. G. Larve grossie.

de *trichine* en mangeant insuffisamment cuite de la viande de porc qui en contient.

En pâturant dans des pacages marécageux, les moutons prennent un autre parasite, qui se loge dans leur foie et qui produit souvent d'effroyables mortalités, c'est la *douve* (fig. 90).

LES MOLLUSQUES

96. — Les *escargots* ont comme les vers un corps mou, mais qui ne présente aucune trace de division en segments et qui est protégé par une coquille pierreuse. On appelle **mollusques** *les animaux mous, à coquille,* semblables à l'escargot. On trouve des *mollusques* non seulement sur la terre, mais dans les eaux douces et surtout dans la mer. Leur coquille peut être en forme de tube enroulé en spirale, comme celle de *l'escargot* (fig. 91), ou divisée en deux moitiés mobiles l'une sur l'autre, comme les deux moitiés de la couverture d'un livre ; la coquille est alors *bivalve.* La *nacre* est la coquille d'un mollusque bivalve des mers chaudes qui produit aussi les *perles* et qu'on nomme pour cette raison *l'huître perlière.*

L'*huître* (fig. 92) et la *moule* sont

FIG. 90. — La **Douve,** *parasite* du foie du mouton un peu grossie.

FIG. 91. — Mollusques à *coquille* (Escargots), *sans coquille* (Limace).

des mollusques à coquille bivalve. Ces animaux vivent par bancs dans la mer ; autrefois, on se bornait à les pêcher sur les bancs où ils se développaient naturellement ; aujourd'hui, on élève les *huîtres* dans des parcs, et l'*ostréiculture* ou culture des huîtres, est devenue une richesse de nos côtes. On élève aussi artificiellement les moules, mais par des procédés un peu différents.

FIG. 92. — **Huître,** dont la *valve supérieure* a été enlevée pour montrer l'animal.

Certains mollusques sont dépourvus de coquille; telle est la *limace* (fig. 91), véritable escargot sans coquille; tel aussi le *poulpe* ou *pieuvre* (fig. 93), mollusque marin, dont la tête, munie d'un bec de perroquet, est entourée de huit bras garnis de ventouses.

Les *pieuvres* mangent beaucoup de *crabes*; quelquefois, dans les pays chauds, elles atteignent des dimensions assez considérables pour être en état d'attaquer l'homme.

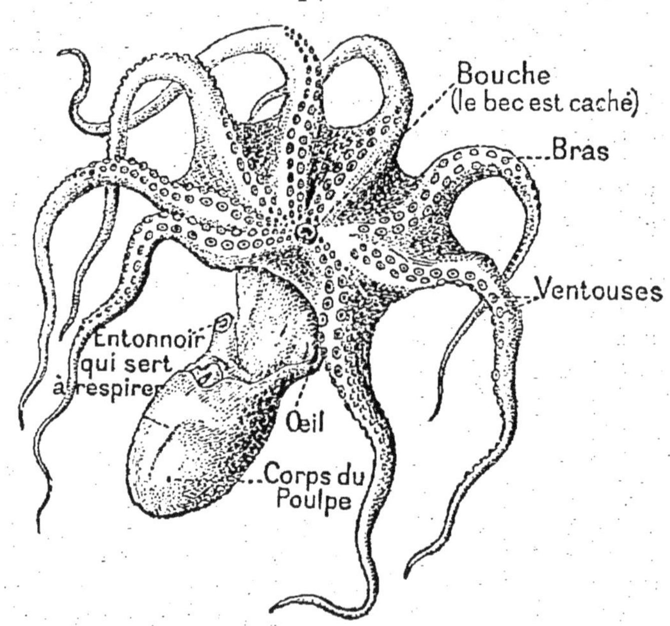

FIG. 93. — Le **Poulpe,** ou la *pieuvre*, mollusque *sans coquille.*

LES ZOOPHYTES

97. — Parmi les plus remarquables des animaux marins, il faut signaler les **zoophytes,** dont le corps est formé tantôt de parties disposées en rayons, tantôt d'un tronc se divisant en branches, rameaux et ramuscules, comme on le voit chez les plantes.

98. — On distingue trois classes de *zoophytes* : les *échinodermes*, les *polypes* et les *éponges*.

Les **échinodermes** ont les parois de leur corps consolidées par des pièces calcaires; le corps est lui-même divisé en rayons chez les *étoiles de mer* ou *astéries* (fig. 94), en forme de boule chez les *oursins*, en forme de concombre chez les *holothuries*.

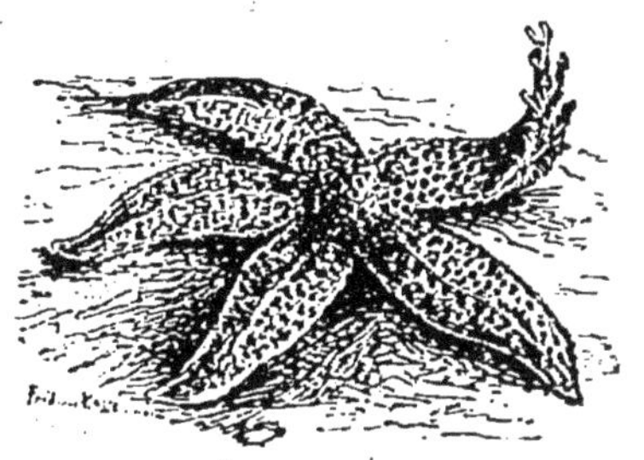

FIG. 94. — Étoile de mer, *échinoderme* à corps divisé en *rayons*.

Les **polypes** sont généralement fixés aux objets sous-marins; ils ont un corps ramifié à la façon des plantes et souvent soutenu par un *polypier* calcaire, ramifié comme lui. On peut citer parmi eux les *hydres* (fig. 95), dont une espèce habite les eaux douces; le *corail*, dont le polypier rouge et compact est utilisé en bijouterie; les *madrépores*, qui construisent dans l'Océan pacifique de véritables îles; les *anémones de mer*, communes sur nos côtes et dépourvues de polypier; les *méduses*, qui poussent sur certaines hydres comme des fleurs sur une plante (fig. 96).

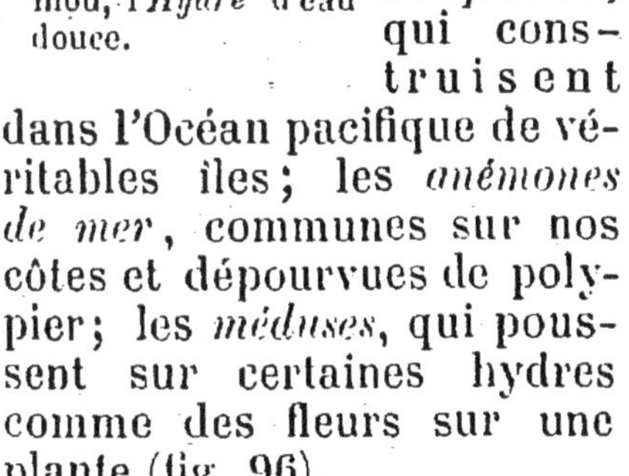

FIG. 95. — Un **Polype** mou, l'*Hydre* d'eau douce.

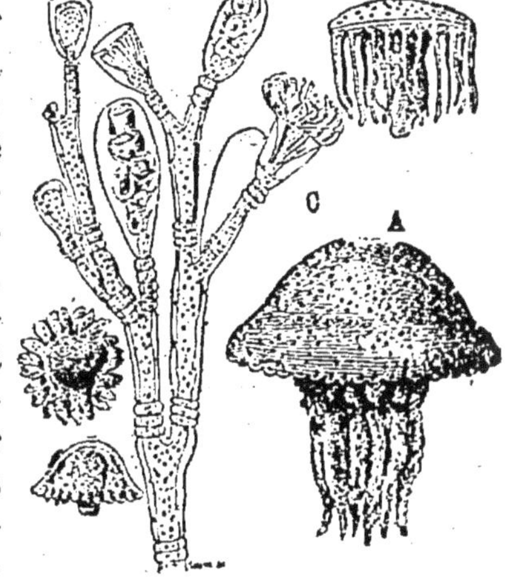

FIG. 96 — **Méduses** et **Hydre** produisant les *méduses*. **A.** Méduses. **B.** Méduse naissante. **C.** Hydre.

Les **éponges** sont plus massives que les *polypes*; elles ont une forme le plus souvent irrégulière. Les parties charnues de leur corps sont soutenues, dans quelques espèces, par un lacis de filaments flexibles formant une sorte de squelette. C'est le squelette de ces éponges qu'on emploie aux usages domestiques.

LES INFUSOIRES

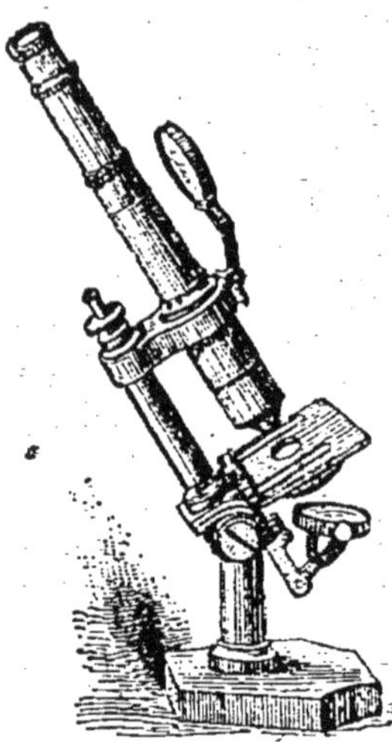

FIG. 97. — Microscope, instrument qui permet de voir les plus petits animaux comme s'ils étaient grossis.

99. — Il existe enfin dans les eaux douces et dans la mer une multitude d'animaux d'organisation extrêmement simple, qu'on ne peut distinguer qu'à l'aide de verres grossissants ou même d'instruments spéciaux nommés *microscopes* (fig. 97). Les plus répandus de ces animaux sont les **infusoires** (fig. 98), ainsi nommés parce qu'ils abondent dans les infusions. Quelques-uns sont tellement petits qu'il en faudrait plusieurs centaines placés bout à bout pour faire une longueur d'un millimètre.

Les infusoires apparaissent si vite et en si grand nombre dans les liquides exposés à l'air, lorsqu'ils y trouvent les aliments qui leur conviennent, qu'on a cru qu'ils s'y formaient spontanément. Mais **les êtres vivants ne**

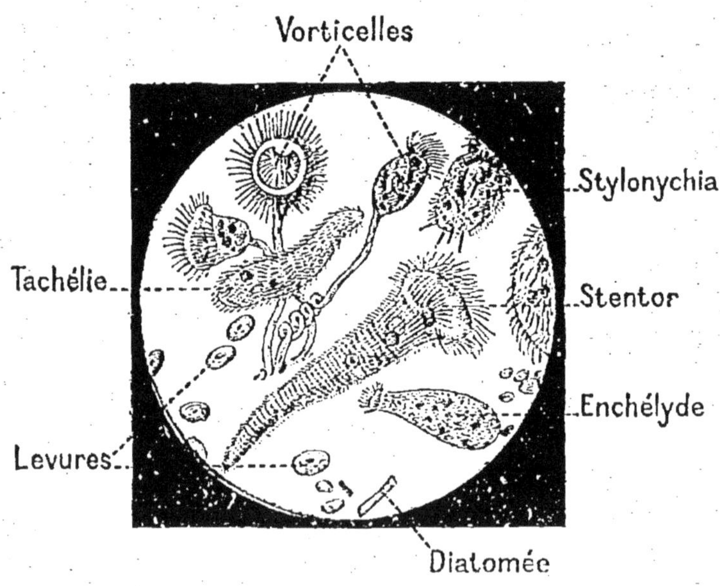

FIG. — 98. — Infusoires vus au microscope.

proviennent jamais que d'êtres semblables à

eux, et les infusoires sont ensemencés dans les liquides où on les observe par des germes qui flottent en quantité innombrable dans l'air.

ENTRETIENS

Animaux articulés.

81. — Qu'appelle-t-on articulés?

On appelle *animaux articulés* des animaux dépourvus de squelette interne, dont le corps, protégé par un vernis résistant, se divise en segments mobiles les uns sur les autres et qui se meuvent à l'aide de pattes articulées.

82. — En combien de groupes se divisent les articulés?

Les articulés se divisent en quatre groupes principaux : 1° les *insectes* qui ont *six* pattes ; 2° les *arachnides* qui ont *huit* pattes ; 3° les *myriapodes* dont tous les segments du corps portent des pattes *semblables* entre elles ; 4° les *crustacés* qui vivent habituellement dans l'eau et dont tous les segments du corps portent des pattes dissemblables.

83. — Les insectes gardent-ils la même forme toute leur vie ?

Les insectes subissent des *métamorphoses ;* à leur naissance, ils sont toujours dépourvus d'ailes ; on les dit alors à l'état de *larves;* puis ils passent à l'état de *nymphes,* dont les ailes sont représentées par de simples écailles, et arrivent enfin à l'état parfait.

84. — Qu'appelle-t-on métamorphose incomplète et métamorphose complète?

La métamorphose est *incomplète* lorsque, sauf les dimensions des ailes, la nymphe ressemble à l'insecte parfait et conserve l'activité de la larve; la métamorphose est *complète* quand la nymphe est immobile et ne prend aucune nourriture.

85. — Pourriez-vous citer quelques larves communes d'insectes à métamorphoses complètes?

Le *ver blanc* est la larve du hanneton ; les *vers des fruits* sont les larves de papillons ou de mouches; les *chenilles,* les larves de papillons; les *vers de la viande,* les larves de mouches, etc.

86. — Les insectes sont-ils des êtres inoffensifs ?

Les *insectes herbivores* et *omnivores* sont, en raison de leur nombre, les plus terribles ennemis de nos cultures, témoins : le *hanneton,* la *courtilière,* les *chenilles,* le *phylloxéra,* etc.

87. — Connaissez-vous des insectes utiles ?

On peut regarder comme utiles les *insectes carnassiers,* les *cantharides,* employées en médecine, mais surtout les *vers à soie,* les *abeilles,* et certaines *cochenilles,* qui habitent les pays chauds.

88. — Qu'est-ce que le ver à soie ?

Le *ver à soie* est la chenille d'un papillon de la Chine et du Japon qui se nourrit des feuilles du mûrier blanc et se tisse, pour se changer en nymphe, un cocon formé d'un seul fil. On dévide ce fil et on le tord avec des fils semblables pour former un *fil de soie.*

89. — Comment vivent les abeilles ?

Les abeilles vivent dans des *ruches,* en sociétés où l'on distingue une *reine* toujours unique, qui pond ; des *bourdons* qui sont les mâles, et des *ouvrières* qui fabriquent les rayons de *cire* et les emplissent de *miel.*

90. — D'où viennent le miel et la cire?

Le *miel* est produit dans le jabot de l'abeille par une transformation des liquides sucrés qu'elle pompe sur les plantes ; la cire sort sous forme de plaquettes de l'intervalle des segments de l'abdomen des abeilles gorgées de miel ou de liquides sucrés.

91. — Quels sont les insectes qui fournissent le carmin et la laque ?

Le carmin et la laque sont fournis par des insectes suceurs nommés *cochenilles.*

92. — Les arachnides sont-ils des animaux utiles ou nuisibles ?

Les arachnides chasseurs sont utiles comme destructeurs d'insectes, mais ils sont presque tous venimeux.

Les Vers.

93. — Les articulés sont-ils les seuls animaux dont le corps soit formé de segments ?

Les vers ont souvent, comme les articulés, un corps formé de segments, mais leur corps est mou et ne porte pas de pattes articulées ; tels sont les *vers de terre* et les *sangsues.*

94. — Qu'appelle-t-on vers parasites ?

On appelle *vers parasites* des vers qui vivent dans nos organes et surtout notre intestin : tels sont l'*ascaride lombricoïde,* la *trichine* et le *ténia* ou *ver solitaire.*

95. — Comment les vers parasites s'introduisent-ils dans notre intestin ?

Les œufs de l'ascaride lombricoïde et des vers analogues sont portés dans notre intestin par l'eau de boisson non filtrée. On contracte le ver solitaire et la trichine en mangeant de la viande de porc insuffisamment cuite.

Les Mollusques.

96. — Qu'est-ce qu'un mollusque ?

On appelle *mollusque* un animal à corps mou, sans segments, sans pattes, recouvert d'une coquille simple comme celle de l'*escargot* ou divisée en deux valves mobiles comme celle de l'*huître*. Il y a aussi quelques mollusques sans coquille comme la *limace* et le *poulpe*.

Les Zoophytes.

97. — Qu'appelle-t-on zoophytes ?

On appelle *zoophytes* des animaux dont le corps est ramifié comme celui des plantes et souvent fixé. Les rameaux peuvent être disposés irrégulièrement comme chez les *polypes*, ou disposés en rayons comme chez les *étoiles de mer*.

98. — Quelles sont les principales classes de zoophytes ?

Les principales classes de zoophytes sont les *échinodermes*, les *polypes* et les *éponges*.

Les Infusoires.

99. — Quels sont les plus petits des animaux ?

Les plus petits des animaux sont les *infusoires*, qu'on ne voit qu'au microscope et dont les germes, mêlés aux poussières de l'air, sont ensemencés par l'air dans tous les liquides avec qui il est en contact.

Sujets de Rédaction.

24. LES ANIMAUX ARTICULÉS. — Plan : Caractères des animaux articulés; leur division en classes basée sur leur genre de vie et le nombre des appendices de chaque sorte.

25. LES INSECTES. — Plan : Caractères des insectes; leurs métamorphoses; leur rôle dans la nature; insectes nuisibles; insectes utiles.

26. LA SOIE. — Plan : Insectes producteurs de la soie. — Ver à soie du mûrier; son élevage; ses maladies. — Dévidage de la soie.

27. LE MIEL ET LA CIRE. — Plan : Insectes producteurs du miel et de la cire. — Les abeilles; composition d'une ruche; essaimage. — Mœurs des abeilles.

28. LES VERS. — Plan : Vers annelés; en quoi ils diffèrent des animaux articulés. Vers parasites : ascaride, trichine, ténia. — Comment on peut s'en préserver.

29. LES MOLLUSQUES. — Plan : Caractères des mollusques. — Mollusques utiles; nacre; perles. — Mollusques comestibles; leur élevage.

30. LES ZOOPHYTES OU ANIMAUX-PLANTES. — Plan : Analogie de la forme des zoophytes et de celle des plantes. — Échinodermes. — Polypes. — Éponges. — Infusoires.

III. — LES VÉGÉTAUX

SIXIÈME LEÇON

Sommaire : ORGANISATION DES VÉGÉTAUX ET CLASSIFICATION
DES PLANTES.

ORGANISATION DES VÉGÉTAUX

100. — Les **végétaux** se nourrissent, changent d'aspect, grandissent, se reproduisent comme les animaux. C'est ce qui fait dire qu'ils sont comme eux des *êtres vivants*. Comme tous les êtres vivants, ils arrivent fatalement à mourir.

Les végétaux les plus caractérisés, tels que les *arbres*, et les *herbes*, les *fougères*, les *mousses*, les *varechs*, les *champignons* diffèrent des animaux, parce qu'ils n'ont que peu ou point de parties molles, qu'ils sont immobiles et insensibles. Leur corps est tout pénétré d'une substance qui n'est autre que celle du papier et qu'on nomme la *cellulose*.

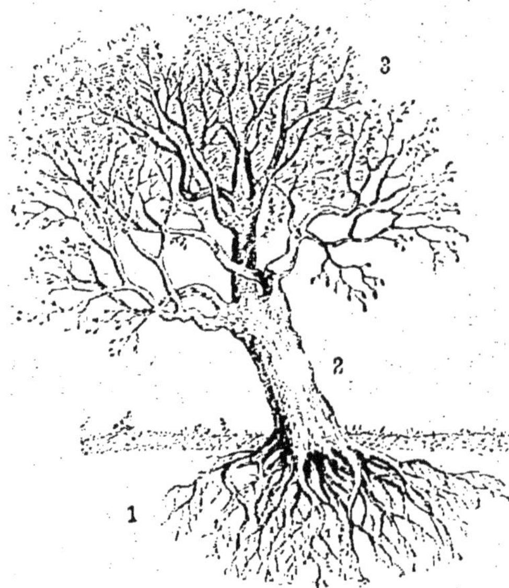

FIG. 99. — Les **diverses parties** d'un **arbre** sont la *racine*, numérotée 1 dans la figure, la *tige*, 2; les *rameaux*, 3.

101. — Les végétaux vulgairement désignés sous les noms d'arbres et d'herbes (fig. 99) présentent, en général, une *racine* souterraine ramifiée, une *tige* dressée à la surface de la terre, également ramifiée et dont les *rameaux* portent des *feuilles* et des *fleurs*. Ces dernières se changent plus tard en *fruits*.

RÔLE DES DIFFÉRENTES PARTIES DES VÉGÉTAUX

102. — Les ramifications de la *racine* s'appellent *ra-*

dicelles (fig. 100); leur extrémité est protégée par une calotte appelée *coiffe* (fig. 100).

La racine a deux fonctions :

1° Elle fixe le végétal au sol.

2º Au moyen de délicats petits poils, les *poils radi-caux*, que porte l'extrémité des radicelles, elle puise dans le sol les aliments de la plante.

Les aliments de la plante sont, en grande partie, mélangés au sol; l'eau de pluie les dissout et les entraine dans les tissus de la plante quand elle est absorbée par les poils délicats des radicelles.

103. — La *tige* et ses ramifications ont pour rôle unique de conduire aux feuilles et aux fleurs qu'elles soutiennent, les aliments puisés dans le sol par les racines.

La tige est dite *ligneuse* ou *herbacée*, suivant qu'elle est sèche, dure et

Racine

Extrémité d'une racine avec les poils absorbants

Radicelle

Coiffe de la Racine.

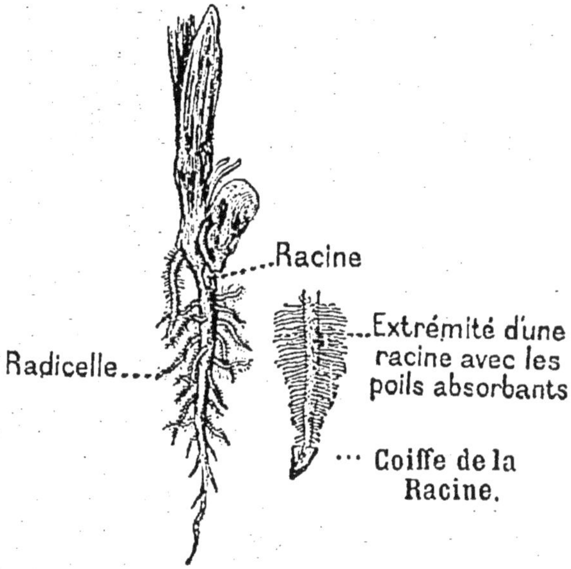

Fig. 100. — Racine portant des *radicelles*.

rigide ou gorgée de sucs, facile à casser ou flexible. Les tiges herbacées sont généralement *vertes*.

104. — Les *feuilles* sont des lames vertes, larges, souvent plus ou moins dentées (châtaignier), lobées (chêne), divisées (vigne), ou déchiquetées (persil), généralement supportées par une tigelle, le *pétiole* ou *queue* de la feuille. La forme des feuilles est extrêmement variable; souvent elles manquent de pétiole (blé); d'autres fois on les dirait formées d'un grand nombre de feuilles associées (acacia); on dit alors qu'elles sont *composées*. Les feuilles ont trois fonctions principales très importantes :

1º Au soleil, elles nourrissent les plantes en puisant

dans l'air, qui contient une petite quantité de charbon sous forme aérienne, tout le charbon nécessaire à la constitution de la plante.

2° Elles *respirent* et rendent alors à l'air une partie du charbon qu'elles lui ont pris.

3° Elles évaporent dans l'air la plus grande partie de l'eau puisée dans le sol par les racines.

La première fonction, l'*absorption du charbon*, n'a lieu qu'au soleil; elle annule la *respiration* dont l'effet n'est bien apparent que la nuit. La quantité d'eau évaporée en un jour dépend aussi de l'action de la lumière.

Les composés aériens du charbon que contient l'atmosphère y ont été, en grande partie, versés par la respiration des animaux, et, s'ils s'y accumulaient, finiraient

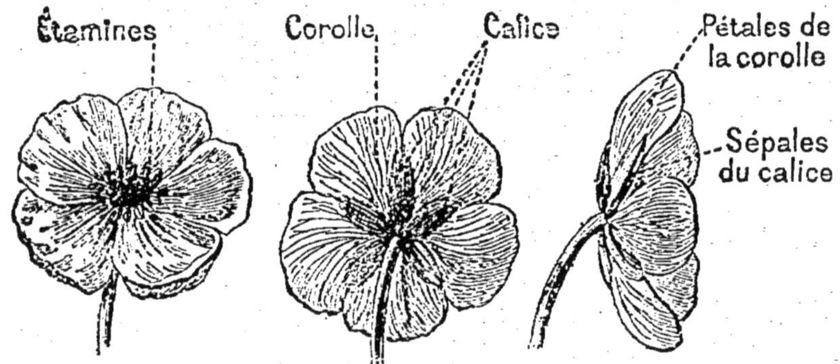

Fig. 101. — Une fleur de Bouton d'or vue par sa *face supérieure*, par sa *face inférieure* et de côté.

par empêcher cette respiration. **Les plantes, sous l'action du soleil, purifient donc l'atmosphère en lui enlevant les substances irrespirables que les animaux ont exhalées.** La nuit, elles vicient l'air, comme les animaux, sans être cependant plus dangereuses.

Les plantes, en évaporant l'eau contenue dans le sol, contribuent, d'autre part, à dessécher celui-ci, lui permettent d'absorber, après chaque pluie, des quantités d'eau nouvelles, et diminuent par cela même les chances d'inondation. C'est pourquoi **les pays boisés sont moins inondés que les autres;** c'est pourquoi il **est important de reboiser les pentes qu'une exploitation trop active a dégarnies de leurs forêts.**

LES FLEURS

105.—Les **fleurs** sont les organes reproducteurs du végétal. Quand elles atteignent toute leur complication, qu'elles sont *complètes*, comme disent les botanistes, on y distingue, de dehors en dedans, les parties suivantes :

1º Le *calice* (fig. 101), couronne de petites feuilles vertes nommées *sépales*.

2º La *corolle*, couronne de feuilles plus grandes nommées *pétales*, et qui sont colorées en blanc, jaune, bleu ou rouge, rarement en vert.

3º Les *étamines*, formées d'un *filet* qui supporte à son extrémité libre deux sacs, les *anthères*, contenant une poussière jaune, nommée *pollen*, nécessaire à la reproduction de la plante.

4º Le *pistil*, composé de *carpelles* (fig. 102), sacs de couleur verte, qui contiennent les *ovules*, chargés de reproduire la plante après qu'ils auront été *fécondés* par le pollen. Chaque carpelle est, en général, surmonté d'une tige flexible nommée *style*.

Les carpelles peuvent être fermés ou ouverts. Les plantes à carpelles fermés forment la grande division des **angiospermes** qui comprend la plupart de nos arbres et de nos herbes. Les plantes à carpelles ouverts, laissant à découvert les ovules, forment la grande division des **gymnospermes**, qui comprend surtout les *arbres verts* ou *conifères*, tels que le sapin, le *mélèze*, le *cèdre*, etc.

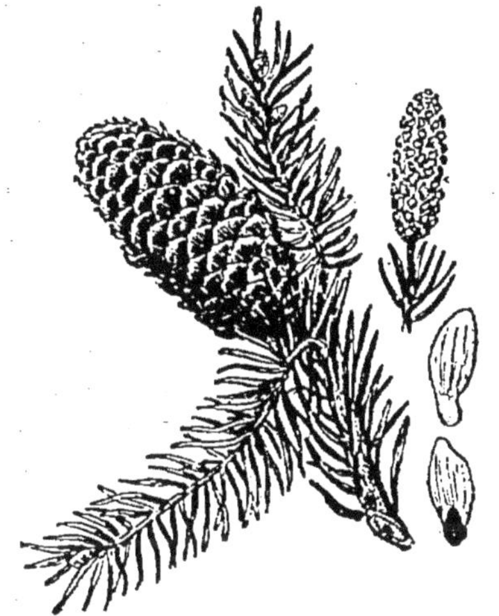

Fig. 102. — Cône d'une gymnosperme, formé par l'assemblage de ses *carpelles* ouverts.

106. — L'extrémité libre du style s'appelle le *stigmate*. Le *pollen* (fig. 103) est transporté sur le stigmate soit par le vent, soit par les insectes qui viennent butiner sur les fleurs, tels que les abeilles et les papillons.

Sur le *stigmate* les grains de pollen *germent* ; ils produisent alors un tube (fig. 103) qui s'enfonce dans le tissu du style et arrive ainsi jusqu'au contact des *ovules*. Les ovules qui n'ont pas subi le contact de ce *tube pollinique* avortent; ceux qui ont subi ce contact sont *fécondés;* ils grossissent, et peu à peu se changent chacun en une *graine,* tandis que le *pistil* qui les contient devient un *fruit.*

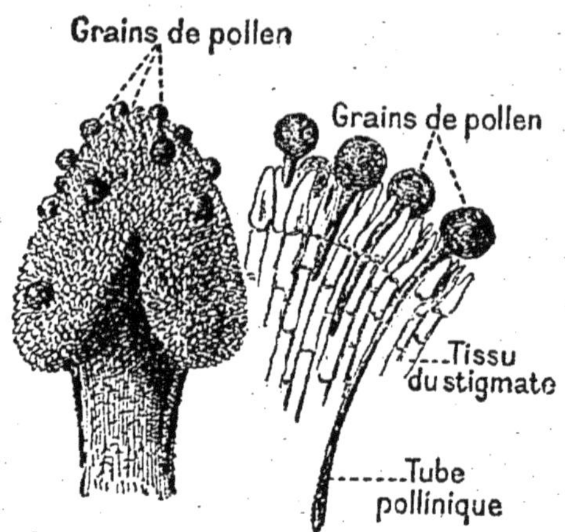

FIG. 103. — Germination des grains de pollen sur le stigmate.

GERMINATION

107. — Ensemencées sur la terre humide, les graines *germent* lorsqu'il fait suffisamment chaud. Une graine qui germe commence par gonfler; puis son enveloppe éclate, et il en sort peu à peu un corps conique qui s'enfonce dans la terre : c'est la *radicule;* puis l'on voit apparaître une ou deux petites feuilles, ce sont les *cotylédons,* portés à l'extrémité d'un corps cylindrique qui se dresse à la surface du sol, la *tigelle.* La tigelle se termine au-dessus des cotylédons par un petit bourgeon, la *gemmule.* La jeune plante (fig. 104) possède dès lors tout ce qui est nécessaire pour se nourrir, grandir et se ramifier.

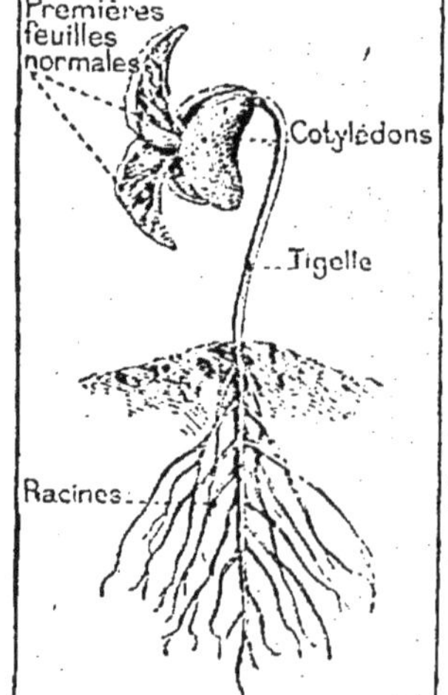

FIG. 104. — Jeune plante récemment éclose.

BOUTURE. — MARCOTTE. — GREFFE

108. — Les plantes peuvent être multipliées autrement que par graines. Si l'on coupe une branche de *peuplier*, de *vigne*, et qu'on la fiche en terre, au bout d'un certain temps, il poussera des racines à cette branche et elle constituera un végétal nouveau. Ce mode de multiplication s'appelle le **bouturage.** L'opération qui consiste à enterrer des quartiers de pommes de terre présentant chacun un *œil* ou *bourgeon*, pour obtenir un pied nouveau de la plante, n'est qu'une sorte de bouturage.

En enfermant dans un petit pot rempli de terre une partie quelconque d'une branche, ou même en recourbant une branche de manière à l'enterrer, cette partie produit aussi des racines; en coupant la branche au-dessous des racines ainsi formées, on obtient une *marcotte* (fig. 105) que l'on peut planter en terre et qui est un nouvel individu.

Au lieu d'être plantées en terre, les boutures peuvent être enfoncées dans une fente pratiquée sur un autre végétal; ce sont alors ·des **greffes** qui continuent à vivre et à se développer.

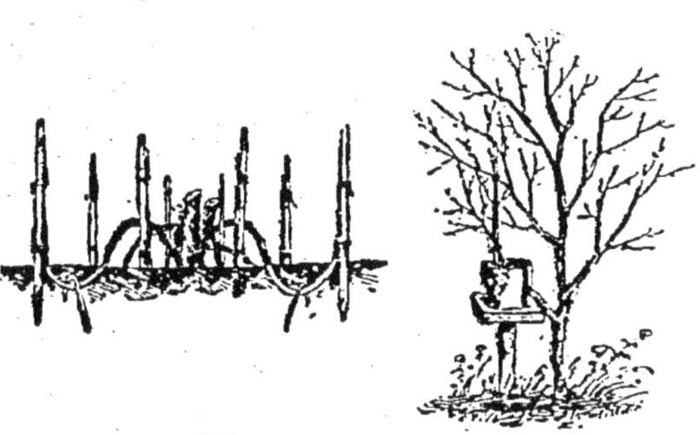

Fig. 105. — **Marcotte.** — Dans la figure de gauche les branches qui doivent fournir les *marcottes* sont recourbées et en partie enterrées dans le sol. — Dans la figure de droite la branche à *marcotter* traverse un pot rempli de terre.

Il y a diverses façons de greffer; celle que nous venons d'indiquer est la *greffe à la fente* (fig. 106); mais on pratique habituellement sur le châtaignier la *greffe au chalumeau*, sur les arbres fruitiers la *greffe à l'écusson*.

Dans la greffe au chalumeau, on enlève l'écorce d'une

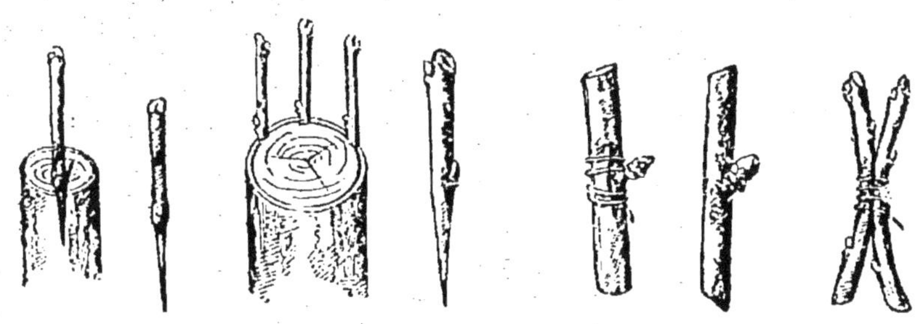

Fig. 106. — **Greffe à la fente.**

Fig. 107. — **Greffe à l'écusson,** et, à droite, greffe par approche.

jeune branche et on revêt ensuite cette branche d'un cylindre d'écorce pris sur une autre plante et portant un bourgeon.

Dans la greffe à l'écusson (fig. 107), on glisse simplement un lambeau d'écorce portant un bourgeon sous l'écorce de la plante qu'on veut greffer.

On peut aussi greffer *par approche*, en maintenant serrées par un lien deux branches qu'on a amenées au contact (fig. 107).

Les *boutures*, les *marcottes* et les *greffes* reproduisent, avec toutes ses qualités, le végétal d'où elles proviennent. Les graines produisent, au contraire, des *sauvageons* qui peuvent différer beaucoup du végétal qui les a fournies ; on est obligé de greffer ces sauvageons pour leur restituer les qualités de leur parent.

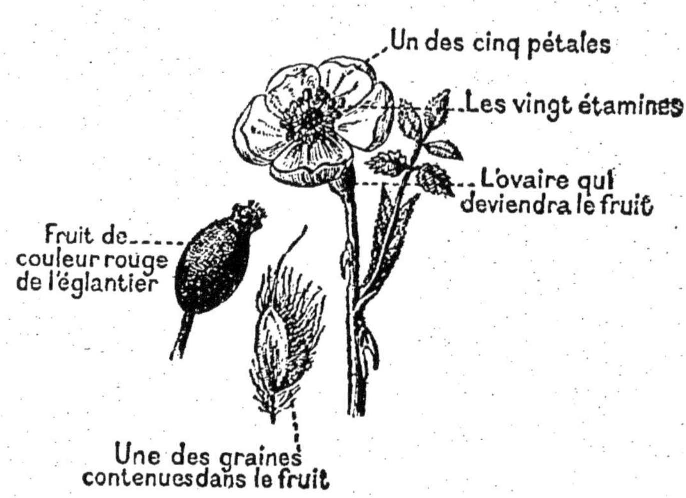

FIG. 108. — **Fleur, fruit et graine d'une Rosacée** (l'*Églantier* ou *rosier sauvage*). Cinq sépales ; cinq pétales ; vingt étamines ; des fruits nombreux pris habituellement pour les graines, contenus dans une urne rouge qu'on prend pour le fruit.

D'autre part, les plantes que l'on reproduit exclusivement par boutures ou par marcottes, comme la vigne, la pomme de terre, le peuplier d'Italie, s'affaiblissent peu à peu et finissent par succomber à des maladies variées.

CLASSIFICATION DES PLANTES

109. — Les plantes **angiospermes** (voir § 105), dont les graines produisent deux cotylédons, forment la grande classe des *dicotylédones* ; celles qui ne produisent qu'un cotylédon sont les *monocotylédones*.

Les graines des **gymnospermes** produisent, en général, plusieurs cotylédons.

Les plantes angiospermes et gymnospermes qui les

unes et les autres portent des fleurs, constituent ensemble l'embranchement des plantes *phanérogames*.

Suivant la forme de leurs feuilles, les dicotylédones et les monocotylédones ont été divisées en familles.

DICOTYLÉDONES

110. — Les familles de **dicotylédones** les plus importantes pour l'homme sont :

1° Les **rosacées** (fig. 108), dont les fleurs ont cinq sépales, cinq pétales égaux, disposés en couronne et de cinq à vingt étamines.

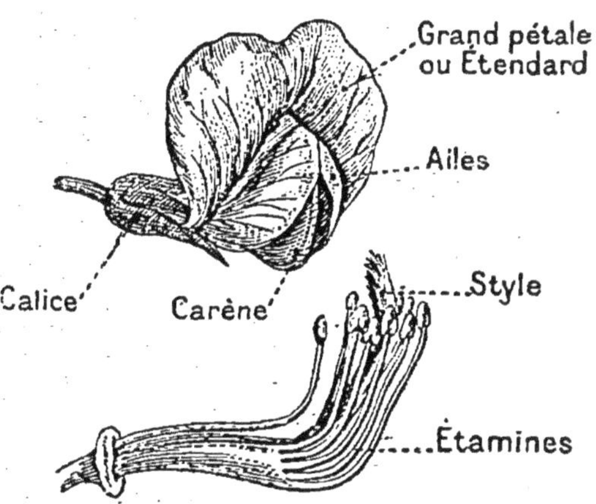

Fig. 109. — **Fleur et étamines d'une Légumineuse** (le *Pois*). Cinq sépales; cinq pétales inégaux; dix étamines,

Ex. : le *fraisier*, le *rosier*, le *cerisier*.

2° Les **légumineuses** (fig. 109), dont les pétales sont inégaux, deux d'entre eux s'étendant de chaque côté de la fleur comme les ailes d'un papillon, et deux autres se soudant en un seul, l'*étendard*, qui est très grand.

Ex. : le *haricot*, le *pois*, la *fève*, le *trèfle*.

3° Les **crucifères** qui n'ont que quatre sépales, quatre pétales et six étamines.

Ex. : le *chou* (fig. 110), le *navet*, la *giroflée*, le *cresson*.

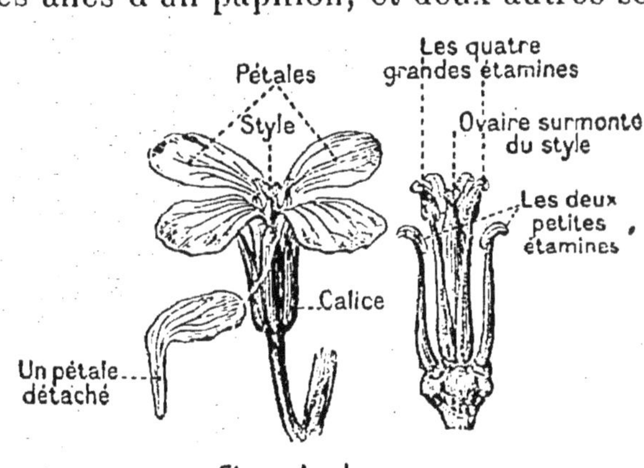

Fig. 110. — **Fleur d'une Crucifère** (le *Chou*) — Quatre sépales; quatre pétales; dix étamines inégales.

4° Les **vitées** (fig. 111), à petites fleurs vertes, disposées en *grappe* et présentant cinq sépales, cinq pétales, cinq étamines, à fruit mou.

Ex. : la *vigne*.

5° Les **ombellifères** (fig. 112), à fleurs petites, ordi-

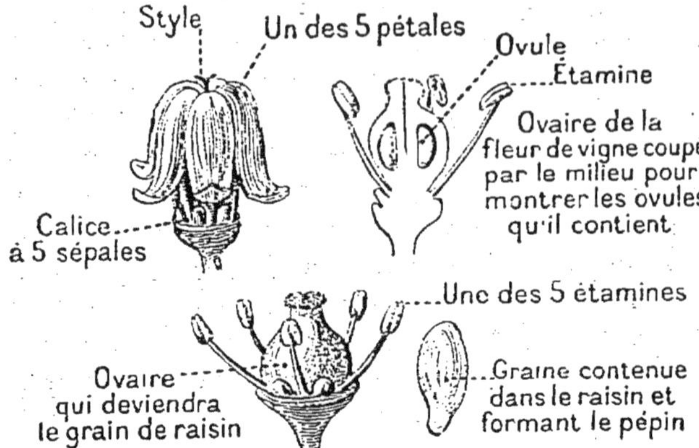

FIG. 111. — **Fleur d'une Vitée** (la *Vigne*). — Cinq
sépales: cinq pétales: cinq étamines; un fruit mou
(*baie*) contenant des grains ou pépins.

nairement blanches, disposées en parasol et présentant
cinq sépales, cinq pétales, cinq étamines et deux carpelles
soudés, placés au-dessous de la co-
rolle.

Ex. : le *cerfeuil*, le *fenouil*, le *persil*,
le *céleri*, la *carotte*.

6° Les **solanées** (fig. 113), dont
les fleurs, assez grandes, ont leurs cinq
pétales soudés en une couronne continue et deux carpelles situés au-dessus de la corolle.

Ex. : la *pomme de
terre*, la *tomate*, le *ta-
bac*.

7° Les **rubiacées**,
qui diffèrent des pré-
cédentes par leurs car-
pelles situés au-des-
sous du calice et de la
corolle.

Ex. : la *garance*, le
café.

8° Les **cucurbita-
cées**, qui ont deux

FIG. 112. — Une
Ombellifère. —
Cinq sépales; cinq
pétales: cinq éta-
mines; fruit sec. —
Fleurs disposées en
ombelles.

FIG. 113. — **Fleur
de Solanée** (la
Pomme de terre).

sortes de fleurs ayant toutes cinq sépales, cinq pétales
libres ou soudés entre eux, mais les unes cinq étamines

sans carpelles, les autres trois carpelles sans étamines ; ces fleurs sont dites *unisexuées*.

Ex. : le *concombre*, le *melon*, la *citrouille*, la *gourde*.

9° Les **composées** (fig. 114), dont les fleurs à pétales soudés sont réunies en une sorte de tête ressemblant elle-même à une fleur unique.

Ex. : la *chicorée*, le *pissenlit*, la *laitue*, le *salsifis*, l'*artichaut*, le *topinambour*, le *soleil des jardins*.

10° Enfin plusieurs familles de plantes dont les fleurs sont dépourvues de pétales et qui ont été réunies sous le nom d'**apétales**, contiennent des espèces importantes telles que le *chanvre*, le *houblon*, le *mûrier*, le *figuier* et l'*orme*, qui sont, comme l'*ortie*, des **urticées** ; le *saule* et le *peuplier*, qui sont des **salicinées** ; le *sarrazin* ou *blé noir*, l'*oseille* et la *rhubarbe*, l'*épinard* et la *betterave*, qui sont des **polygonées** ; les *aulnes*, les *bouleaux*, les *charmes*, les *hêtres*, les *châtaigniers*, les *noisetiers* et les *chênes*, qui sont des **amentacées**.

Fig. 114. — Une **Composée** (la *Marguerite*). — Les fleurs de deux sortes, représentées à droite de la figure, sont réunies en une tête qui ressemble elle-même à une fleur.

MONOCOTYLÉDONES. — CRYPTOGAMES

111. — La classe des **monocotylédones** contient une famille ayant une importance agricole capitale, celle des **graminées**, dont les fleurs très simples sont disposées en épi.

Le *lis*, la *tulipe*, la *jacinthe*, l'*ail*, l'*oignon*, l'*iris*, le *glaïeul*, le *safran*, l'*asperge*, les *palmiers*, plantes ornementales, comestibles ou industrielles, sont aussi des monocotylédones.

112. — Malgré l'importance exceptionnelle qu'elles présentent, les plantes à fleurs ou phanérogames ne constituent pas tout le règne végétal ; il y a aussi des *plantes sans fleurs* ou **cryptogames** — tels sont les *fougères*, les *mousses*, les *algues* et les *champignons*, dont les organes se simplifient peu à peu.

Les **fougères** (fig. 115) sont dépourvues de fleurs,

mais présentent cependant des feuilles, une tige, une racine, comme les plantes que nous venons d'étudier. Les organes de reproduction des fougères sont situés à la face inférieure de leurs feuilles. Ce sont de petits sacs nommés *sporanges*, groupés de diverses façons et contenant une sorte de poussière dont chaque grain s'appelle une *spore*. Les spores germent d'une façon particulière pour produire un ou plusieurs pieds de *fougères*.

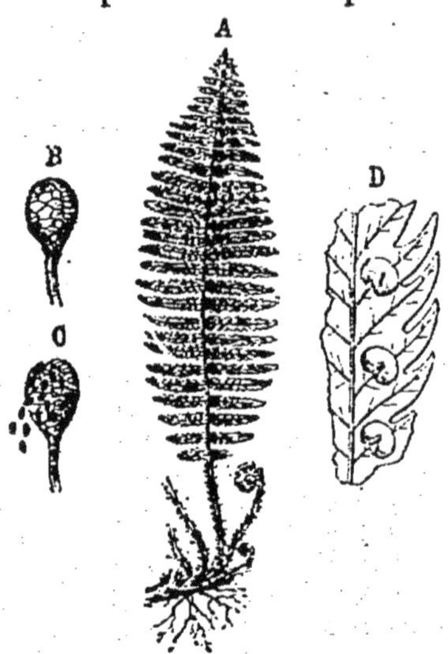

Fig. 114. — Une **Plante sans fleurs (A)**, mais pourvue de racines (*Fougère*) ; à gauche de la figure *deux sporanges* **(B, C)** ; à droite une feuille portant en dessous trois groupes de *sporanges* (**D**).

Non seulement les **mousses** (fig. 116) n'ont pas de fleurs, mais elles n'ont pas non plus de racines ; leurs *spores* sont contenues dans une urne supportée par un long fil, qui semble terminer leur tige.

Chez les **varechs** (fig. 117), il devient impossible de distinguer les feuilles de la tige.

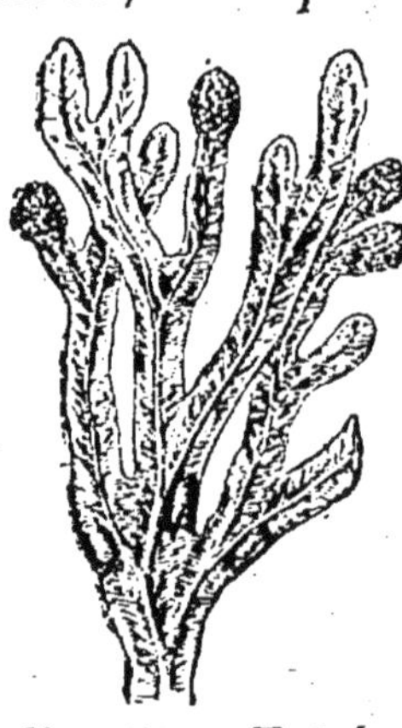

Fig. 117. — **Extrémité d'un Varech**, plante sans fleurs, sans racines, sans feuilles.

Fig. 116. — Une **Plante sans fleurs et sans racines** (*Mousse* avec ses urnes remplies de *spores*).

Les varechs sont les formes les plus élevées d'une série de plantes qui se simplifient de plus en plus, finissent par se réduire à une poussière verte telle que celle qui recouvre les troncs des arbres exposés à l'humidité et deviennent tout à fait microscopiques. Ces plantes sans fleurs, sans racines, où les feuilles et les tiges ne sont pas distinctes, mais qui conservent pour la plupart une couleur verte, forment la classe des **algues** (fig. 118).

Enfin, il y a des plantes aussi simples que les algues, qui ne présentent même plus la couleur verte, commune à toutes les autres, et ne peuvent, en conséquence, puiser de charbon dans l'atmopshère : ce sont les **champignons**.

BACTÉRIES. MICROBES. FERMENTS

113. — Aux algues se rattachent les **bactéries**, plus connues sous le nom de **microbes** (fig. 119). Les mi-

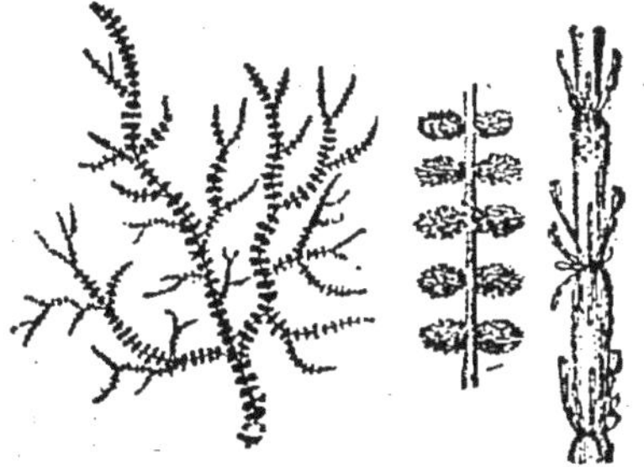

FIG. 118. — Algues diverses.

crobes se nourrissent aux dépens de nos tissus, produisent des substances qui les empoisonnent, et sont la cause de la plupart des **maladies contagieuses** ou **épidémiques** : la *fièvre intermittente*, la *fièvre maligne*, la *fièvre typhoïde*, le *choléra*, la *phtisie*, la *diphtérie*, la *rougeole*, la *variole*, les *rhumes*, les *oreillons*, etc.

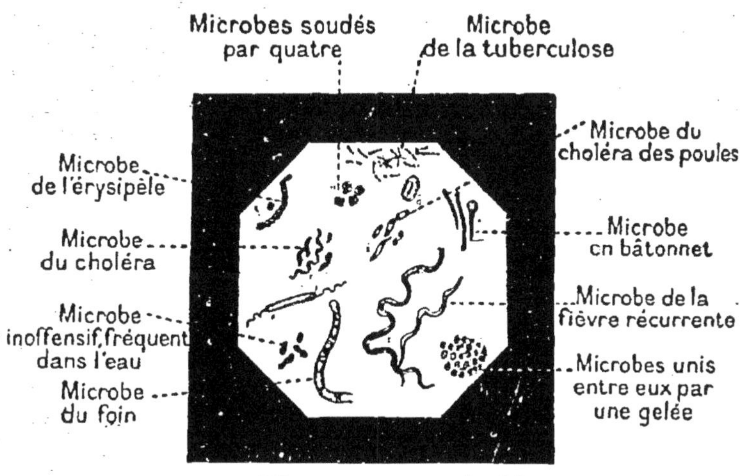

FIG. 119. — Diverses sortes de Microbes.

114. — Les plus compliqués des *champignons* atteignent une assez grande taille. Plusieurs sont comestibles et très recherchés : tels sont les *bolets bronzés* ou *cèpes*; l'*orange*, le *champignon de couches*, qui sont des espèces d'*agarics*; la *truffe*, qui se développe sous terre. Malheureusement diverses espèces, ne différant des espèces comestibles que par des caractères peu apparents, sont de violents poisons; beaucoup d'espèces de *bolets* ou d'*agarics*, notamment, sont extrêmement vénéneuses. **Il ne faut manger, parmi les champignons inoffensifs, que ceux qui sont bien connus dans les pays qu'on habite et faciles à reconnaître.**

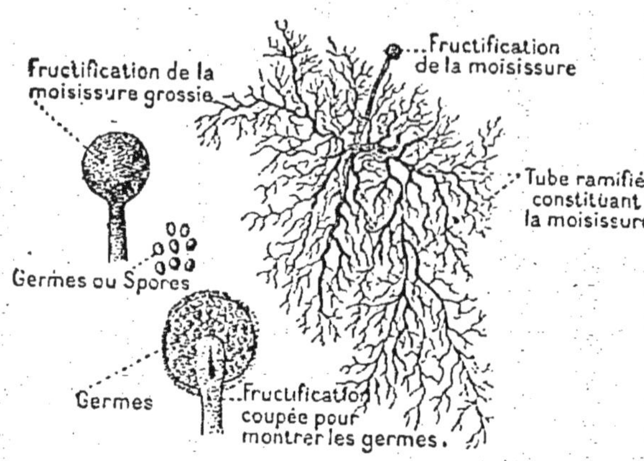

FIG. 120. — Une Moisissure (très grossie).

Les champignons se simplifient comme les algues : il en est qui sont réduits à de simples filaments; tels sont les **moisissures** (fig. 120) qui se développent aux dépens d'une foule de substances organiques, telles que le *cuir*, les *fruits*, le *fromage*, etc.

D'autres consistent simplement en petits grains indépendants les uns des autres, quelques-uns d'entre eux, désignés sous le nom de **ferments** ou de **levûres**

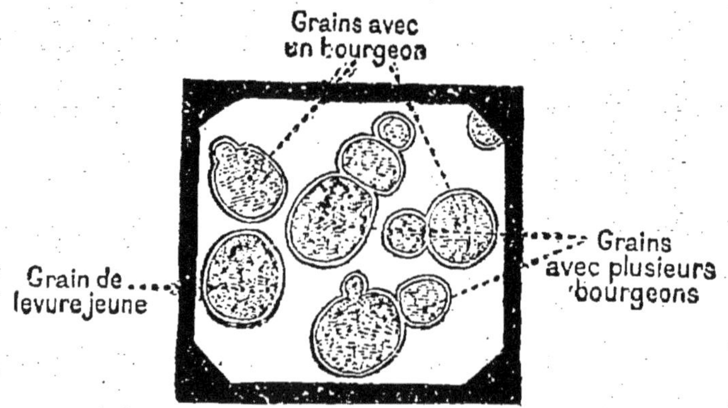

Fig. 121. — Levûre de bière.

(fig. 121), ont un rôle industriel des plus importants en raison des *fermentations* qu'ils provoquent.

ENTRETIENS

Organisation des Végétaux.

100. — En quoi les végétaux diffèrent-ils des animaux ?
Les végétaux diffèrent des animaux parce qu'ils n'ont pas de

parties molles, sont pénétrés de *cellulose* et sont insensibles et immobiles.

101. — Quelles sont les parties du corps des arbres et des herbes ?

Les parties du corps des arbres et des herbes sont la *racine*, la *tige*, les *feuilles* et les *fleurs*.

102. — A quoi sert la racine ?

La racine fixe le végétal au sol et y puise une partie des éléments de la plante.

103. — A quoi sert la tige ?

La tige supporte les feuilles et les fleurs.

104. — A quoi servent les feuilles ?

Les feuilles sont chargées de tous les échanges de substances qui s'accomplissent entre les plantes et l'air ; par elles la plante achève de se *nourrir, respire* et *transpire*.

105. — Qu'est-ce qu'une fleur ?

La fleur est l'organe reproducteur des végétaux supérieurs ; elle comprend : un *calice* composé de *sépales*, une *corolle* composée de pétales, des *étamines* produisant le *pollen*, des *carpelles* formant ensemble un *pistil* contenant les *ovules*.

106. — Quel est le rôle du pollen ?

Le pollen féconde les ovules et détermine leur transformation en *graines*, tandis que le pistil devient un *fruit*.

107. — Que deviennent les graines quand elles tombent sur la terre humide ?

Les graines qui tombent sur la terre humide *germent*, quand il fait assez chaud, en produisant une *radicule*, une *tigelle*, des *cotylédons* et une *gemmule* qui sont les origines de la racine, de la tige et des feuilles.

108. — La graine est-elle nécessaire à la reproduction des plantes ?

La graine n'est pas nécessaire à la reproduction de beaucoup de plantes qu'on peut multiplier par *bouturage* et *marcottage*. Une bouture enfoncée dans un autre végétal se nomme une *greffe*.

Classification des Plantes.

109. — Quelles sont les principales divisions des plantes à fleurs ou phanérogames ?

Les plantes à fleurs ou phanérogames se divisent d'abord en *gymnospermes* dont les carpelles sont ouverts, et en *angiospermes* dont les carpelles sont fermés. La principale famille de *gymnospermes* est celle des conifères. Les angiospermes se divisent d'abord en *monocotylédones* et *dicotylédones* ; chacune de ces divisions se subdivise à son tour en familles.

110. — Quelles sont les principales familles de dicotylédones?

Les principales familles de dicotylédones sont les *rosacées* les *légumineuses*, les *crucifères*, les *vitées*, les *ombellifères*, les *solanées*, les *composées*, les *urticées*, les *amentacées*.

111. — Quelles sont les principales familles de monocotylédones?

Les principales familles de monocotylédones sont les *graminées*, les *liliacées*, les *asparaginées*, etc.

112. — Existe-t-il des plantes sans fleurs?

Il existe des plantes sans fleurs, plus simples que les phanérogames, ce sont les *fougères;* des plantes sans fleurs et sans racines, ce sont les *mousses;* des plantes sans fleurs, sans racines et sans feuilles, ce sont les *algues;* des plantes sans fleurs, sans racines, sans feuilles et sans matière verte, ce sont les *champignons.* Toutes ces plantes simplifiées se nomment *cryptogames.*

113. — Qu'appelle-t-on microbes?

On appelle microbes de très petites algues microscopiques, de la famille des *bactéries,* qui se nourrissent de notre substance ou nous empoisonnent et provoquent la plupart des maladies épidémiques ou contagieuses.

114. — Quels sont les champignons les plus remarquables?

Les champignons les plus remarquables sont : 1° les *champignons comestibles* tels que les *cèpes,* les *oronges,* les *truffes;* 2° les *moisissures* qui détruisent les substances organiques; 3° les *levûres* qui provoquent les fermentations.

Sujets de Rédaction.

31. LES PARTIES DE LA PLANTE QUI SERVENT A SA NUTRITION. — Plan : La racine; ses fonctions. — La tige; ses fonctions et ses formes diverses. — Les feuilles; leurs fonctions et leurs formes diverses.

32. LA VIE DE LA PLANTE. — Plan : Nutrition de la plante; aliments liquides de la plante; engrais; aliments gazeux de la plante, leur provenance; influence du soleil sur la fixation du charbon par les plantes. — Respiration des plantes durant la nuit. — Transpiration. — Rôle des plantes dans l'assainissement de l'atmosphère et dans la dessication du sol. — Importance des reboisements.

33. LA REPRODUCTION DES PLANTES A FLEURS. — Plan : Description de la fleur : calice et sépales; corolle et pétales; étamines; pistil et carpelles. — Le pollen et les ovules; modes de transport du pollen. — Origine de la graine et du fruit. — Gymnospermes et angiospermes.

34. LA GERMINATION. — Plan : Conditions de la germination. — Transformation de la graine pendant la germination. — Apparition successive de la radicule, des cotylédons, de la tigelle. — Importance des cotylédons.

35. Le bouturage, le marcottage, la greffe. — Plan : Définition de ces trois opérations; ressemblances qu'elles présentent. —
Avantages du bouturage et du marcottage sur la multiplication par
les graines; inconvénients que présente à la longue ce mode de multiplication. — But de la greffe.

36. Idée générale de la classification des plantes. — Plan :
Plantes à fleurs ou phanérogames, et plantes sans fleurs ou cryptogames. — Division des phanérogames en angiospermes et gymnospermes; division des angiospermes en dicotylédones et monocotylédones; principales familles de chacune de ces divisions. — Dégra-
dation graduelle des cryptogames depuis les fougères jusqu'aux
champignons.

SEPTIÈME LEÇON

VÉGÉTAUX UTILES

115. — Nous appelons *utiles* les plantes qui nous
fournissent des aliments, des
produits industriels ou médici-
naux; *nuisibles*, celles qui sont
vénéneuses, celles qui enva-
hissent la place que nous ré-
servons aux plantes utiles ou
les détruisent en se nourrissant
à leurs dépens.

Les plantes les plus nuisibles
sont les *plantes vivaces* qui en-
vahissent les champs destinés
aux céréales, comme le *chien-
dent* qui est une graminée; la
rhinanthe ou *crête de coq*.

On divise les **plantes utiles** en *plantes alimentaires,
plantes fourragères, plantes textiles, plantes tinctoriales, plantes oléagineuses, plantes médicinales*.

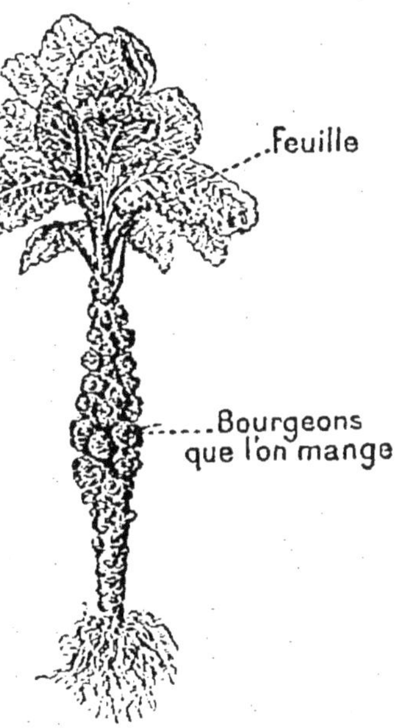

Fig. 122. — Chou de
Bruxelles.

**Les plantes alimentai-
res** servent de diverses façons à notre alimentation. Il
en est dont nous mangeons les feuilles : telles sont le
chou, la *chicorée*, l'*oseille*, l'*épinard*, la *laitue*, etc.; d'autres dont nous mangeons les bourgeons, telles sont le

chou de Bruxelles (fig. 122), l'*asperge* (fig. 123); d'autres, dont nous utilisons une partie de la tige et la racine confondues en un énorme pivot chargé de matières alimentaires, comme la *carotte*, le *navet*, le *radis*, le *salsifis*, la *betterave*, etc.

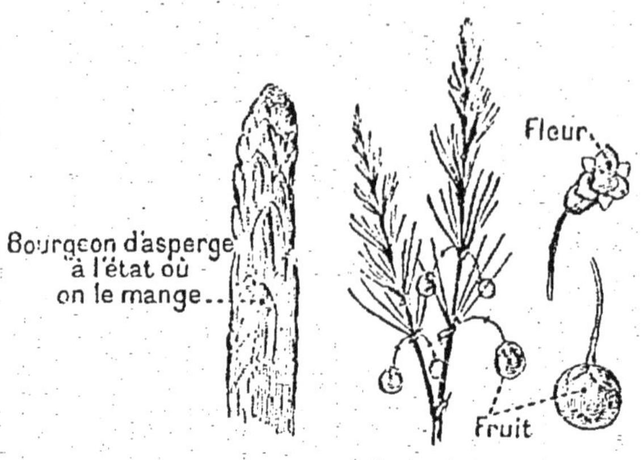

FIG. 123. — Diverses parties de l'Asperge, plante dont on mange le *bourgeon*.

Les *pommes de terre* accumulent dans certaines portions souterraines de leur tige, nommées *tubercules* (fig. 124), une grande quantité de *fécule*, c'est-à-dire d'*amidon* qui fait de ces tubercules de précieux aliments, etc.

D'un autre groupe de plantes, nous consommons les *fruits*. La plupart des *arbres fruitiers* de nos pays appartiennent à la famille des **rosacées**; tels sont le *cerisier*, le *prunier*, l'*abricotier*, le *pêcher*, l'*amandier*, le *néflier*, le *cormier*, l'*arbousier*, le *poirier*, le *pommier*, le *cognassier*. La *framboise* et la *fraise* sont aussi les fruits de rosacées plus petites.

FIG. 124. — La **Pomme de terre** avec ses *tubercules* souterrains.

De tous ces fruits, sauf l'amande et la fraise, nous mangeons l'enveloppe de la graine ; c'est au contraire le contenu de la graine, c'est-à-dire l'*amande* que nous mangeons dans le fruit de l'amandier et dans ceux d'arbres appartenant à d'autres familles où les fleurs sont très petites et disposées en *chatons*, tels que le *noisetier*, le *châtaignier*, le *noyer*, etc.

116. — Dans une autre famille importante, celle des **légumineuses**, le fruit nommé *gousse* (fig. 125) est formé d'une feuille pliée en deux dans sa longueur et dont les bords accolés portent les graines en une seule rangée. Nous mangeons quelquefois ce fruit tout entier quand il est jeune, c'est le *haricot vert*; le plus souvent, nous attendons qu'il soit mûr pour en manger les graines *particulièrement nourrissantes*, et qui sont, suivant les espèces, le *pois*, le *haricot*, la *fève*.

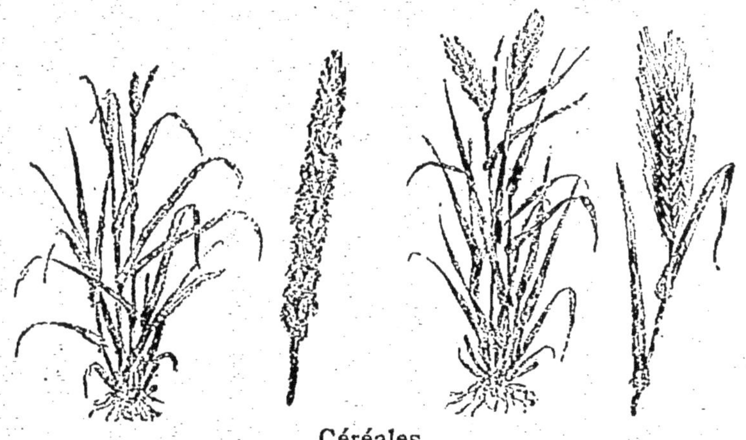

FIG. 125. — **Gousse** ouverte pour montrer les *pois* qu'elle contient

CÉRÉALES

117. — On désigne sous le nom de **céréales** des plantes dont les fruits chargés d'amidon nous servent à la fabrication de bouillies diverses et surtout du pain. A cet effet, ces fruits sont réduits en poussière dans des *moulins;* les parties les plus fines de cette poussière sont séparées des autres et constituent la *farine*, que l'on mélange ensuite à l'eau pour en faire une pâte. Cette pâte fermente et on la transforme en *pain* en la cuisant dans des *fours*.

Céréales.

FIG. 126. — **Blé**, les *barbes* de l'épi sont courtes.

FIG. 127. — **Seigle**, les *barbes* de l'épi sont bien développées.

La plupart des céréales appartiennent à une même famille de monocotylédones, celle des **graminées;** les principales de ces graminées sont le *blé* ou *froment* (fig. 126), le *seigle* (fig. 127), l'*orge* (fig. 128), l'*avoine* (fig. 129), le *maïs*, le *riz*.

Le *sarrazin* ou *blé noir* est une plante dicotylédone de la familles des **polygonées**; la farine de blé noir donne un pain de qualité inférieure, et sert surtout à fabriquer des espèces de *crèpes* ou des *galettes* qui remplacent le pain dans les campagnes pauvres.

PLANTES FOURRAGÈRES

118. — On appelle **plantes fourragères** celles qui servent à l'alimentation des bestiaux et que l'on cultive dans les champs quand l'étendue des prairies naturelles n'est pas suffisante.

L'herbe des prairies est essentiellement composée de

FIG. 128. — **Orge,** les *barbes* de l'épi sont très longues.   FIG. 129. — **Avoine,** l'épi est très lâche.

graminées; aussi toutes les graminées cultivées peuvent-elles servir de plantes fourragères quand on les coupe en herbe, c'est-à-dire avant la fructification. Mais on cultive surtout dans ce but des *légumineuses* dont les principales sont le *trèfle*, le *sainfoin*, la *luzerne*, ou des céréales.

Les légumineuses enrichissent le sol au lieu de l'appauvrir comme la plupart des plantes ; aussi est-il avantageux de les cultiver dans un même champ alternativement avec les céréales.

PLANTES TEXTILES

119. — Les **plantes textiles** de notre pays sont le *chanvre* et le *lin* ; elles présentent immédiatement au-dessous de leur écorce de longs filaments qui se séparent facilement quand on broie la tige de la plante. On peut ensuite les tordre ensemble pour constituer des fils propres à faire des étoffes : cette opération s'appelle *filer*. Les femmes filaient autrefois à l'aide d'une *quenouille* et d'un *fuseau* ou d'un *rouet*. On file aujourd'hui à l'aide de puissantes machines d'une structure compliquée (fig. 130).

La plus importante des plantes textiles croît dans les pays chauds, c'est le *cotonnier* (fig. 131). Le fruit est rempli d'une longue *bourre* qui se laisse filer comme de la laine.

Fig. 130. — **Métier à filer Mull-Jenny.** — Ce métier, inventé en 1785 par *Samuel Crampton*, a reçu depuis de nombreux perfectionnements.

PLANTES TINCTORIALES

120. — **Les plantes tinctoriales** sont celles qui fournissent, soit les éléments de matières colorantes employées en teinture, soit ces matières elles-mêmes. La *garance*, qui produit le rouge dont on teint les pantalons de soldat; la *gaude*, le *safran*, le *carthame*, qui contiennent une matière colorante jaune; le *pastel*, d'où l'on peut extraire de l'*indigo* ou *bleu des blanchisseuses* sont les principales plantes tinctoriales de notre pays. L'*indigotier* vit dans les pays chauds, de même que l'*orseille*, qui est un lichen fournissant une matière rouge.

Fig. 131. — Le **Cotonnier**, les *filaments* que l'on tisse sont contenus dans le fruit.

PLANTES MÉDICINALES

121. — Les **plantes médicinales** fournissent à la médecine de nombreux remèdes ; les plus actives, comme

Fig. 132. — **Digitale**, plante à fleurs *rouges*.

Fig. 133. — **Aconit**, plante vénéneuse à fleurs *bleues*.

le *quinquina* qui guérit les *fièvres* qu'on prend au bord des marais, ne poussent que dans les pays chauds ; mais

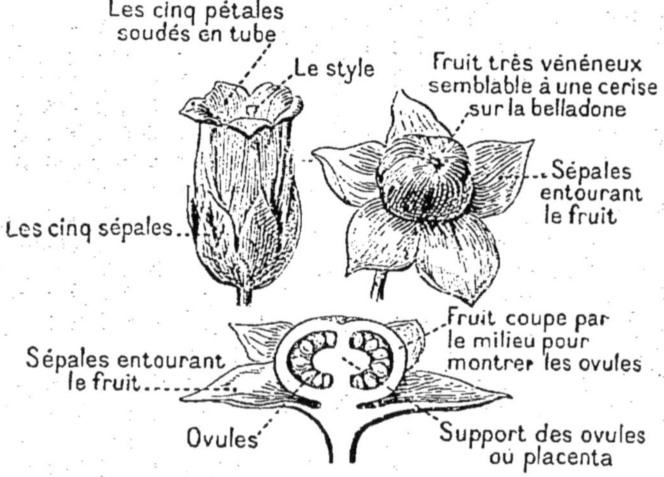

Fig. 134. — Fleur et fruit de Belladone.

beaucoup de plantes de nos pays ont d'utiles propriétés que la botanique apprend à connaitre. Quelques-unes, cependant, comme la *digitale* (fig. 132), l'*aconit* (fig. 133), la *belladone* (fig. 134), la *ciguë*, contiennent des substances médicinales très actives et qui sont en même temps de redoutables poisons.

Le fruit de la belladone, qui ressemble à une cerise, est particulièrement dangereux ; **il ne faut jamais manger les fruits d'une plante qu'on ne connaît pas.**

PLANTES OLÉAGINEUSES

122. — Parmi les substances innombrables que les plantes fournissent à l'homme, il faut signaler comme ayant une importance particulière les *huiles* et les *sucres*.

On appelle **huiles**, des matières tachant le papier, liquides à la température ordinaire. Il y a des huiles d'origine animale, comme l'*huile de baleine*, l'*huile de foie de morue*, l'*huile de pied de bœuf*, etc.; mais la plupart des huiles sont d'origine végétale et contenues dans le fruit de diverses plantes des familles des crucifères, des papavéracées, des amentacées, etc.

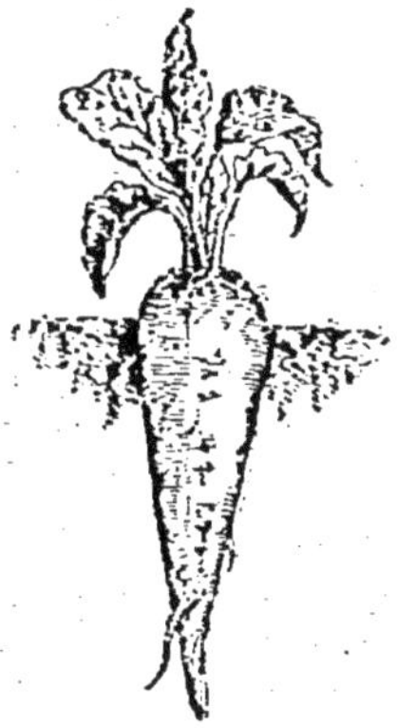

On peut distinguer parmi les huiles les *huiles alimentaires*, les *huiles d'éclairage*, les *huiles siccatives*, les *huiles médicinales*.

Les huiles alimentaires les plus usitées sont l'*huile d'olive*, l'*huile de noix*, l'*huile d'œillette*; cette dernière est fournie par les graines de pavot.

Les huiles alimentaires impures sont souvent employées à l'éclairage, mais l'huile d'éclairage par excellence est

Fig. 135. — **Bette-rave**, plante à *sucre*.

l'*huile de colza*, extraite des graines d'une crucifère.

L'*huile de lin* est le type des huiles capables de sécher ou *huiles siccatives* employées en peinture.

L'*huile d'amandes douces*, l'*huile de ricin*, l'*huile de croton*, sont employées en médecine.

PLANTES A SUCRE

123. — Les **sucres** sont dissous dans les sucs de la tige ou du fruit de certaines plantes. Il y en a de diverses espèces : le *sucre* ordinaire est fourni par la *betterave* (fig. 135) ou par une graminée des pays chauds appelée, pour cette raison, *canne à sucre* (fig. 136).

Divers fruits, les prunes, les cerises, les pommes, les poires et surtout le raisin contiennent une autre espèce de sucre, le *sucre de fruits* ou *glucose*.

IMPORTANCE DES LEVURES ET DES BACTÉRIES.
BOISSONS ALCOOLIQUES

124. — Sous l'action des petits champignons qu'on appelle **levûres**, dont les germes sont transportés par l'air, le jus des fruits sucrés et tous les liquides qui tiennent du sucre de fruits en dissolution, s'échauffent, moussent, et l'on dit qu'ils *fermentent*.

Après cette fermentation, le glucose ou sucre de fruits qu'il contient s'est changé en **alcool**, et le jus est devenu, suivant le fruit d'où il provient, du *cidre*, du *poiré* ou du *vin*.

FIG. 136. — **Canne à sucre.**

Quand on fait germer de l'orge, l'*amidon* qu'il contient se change en sucre de fruits; en jetant cet orge *germé* dans des cuves pleines d'eau, on obtient un liquide, le *moût*, capable de fermenter sous l'action d'une levûre spéciale, la *levûre de bière*. Après la fermentation et l'addition d'une certaine quantité de *houblon*, ce liquide est devenu de la **bière**.

L'amidon contenu dans le blé, l'avoine et les autres fruits des céréales, la fécule des pommes de terre qui n'est autre chose qu'une sorte d'amidon, se changent aussi en sucre dans certaines conditions, et ce sucre peut fermenter, ce qui permet de fabriquer de l'*eau-de-vie de grain*, de l'*eau-de-vie de pommes de terre*, etc.

Le papier lui-même, le linge, le bois peuvent-être facilement changés en amidon et en sucre, par l'action de diverses substances, et ces sucres peuvent fermenter.

125. — C'est aussi la fermentation produite par la levûre de bière qui fait *lever* la pâte de farine de froment, de seigle ou de blé noir; il suffit ensuite de faire cuire cette pâte pour la transformer en *pain*.

D'autres végétaux microscopiques font *rancir* le beurre et les huiles; *aigrir* le lait, le bouillon, le vin. Les pellicules blanches qui flottent à la surface du vin dans une barrique à demi-vide et qu'on nomme communément les *fleurs du vin* ne sont autre chose que le champignon qui transforme le vin en vinaigre.

La plupart des **microbes** ou **bactéries** qui produisent les maladies épidémiques et les maladies contagieuses ne déterminent ces maladies que parce qu'ils transforment en poisons les liquides de notre organisme, comme les levûres changent les liquides sucrés en alcool.

DESTRUCTION DES MICROBES

126. — Les germes des levûres et des microbes sont apportés par l'*air*, les *liquides* que l'on boit, ou par les *animaux*.

On tue les germes des microbes dans les liquides où ils sont tombés en faisant bouillir ces liquides. **On peut conserver les viandes, les fruits, les légumes, les champignons, en les mettant avec de l'eau dans des boîtes en fer blanc, à couvercle soudé, que l'on plonge un certain temps dans l'eau bouillante.**

Le lait bouilli se conserve indéfiniment s'il est mis à l'abri des germes que l'air lui apporte ; il est, en outre, débarrassé des microbes qui pourraient provenir de la vache elle-même. **L'eau bouillie est de même débarrassée de tout microbe ; c'est la seule eau que l'on doive boire en temps d'épidémie de fièvre typhoïde ou de choléra.**

Il est beaucoup plus difficile de se préserver des germes qui sont apportés par l'air, tels que ceux des *fièvres paludéennes*, de la *diphtérie*, de la *phtisie*, de la *rougeole*, de la *scarlatine*. On n'évite la propagation des maladies transmissibles par l'air qu'en isolant les malades qui en sont atteints et en lavant avec une dissolution de *sublimé corrosif* les locaux qu'ils ont habités. **Après la mort d'une personne atteinte d'une maladie contagieuse, tous ses vêtements, toutes les tentures de sa chambre doivent être passés à l'étuve ; les parquets et les boiseries lavés au sublimé corrosif ; les papiers remplacés.**

Le voisinage des étangs, des marais, de terres fraîchement remuées, du fumier, provoque les fièvres paludéennes non contagieuses, mais souvent mortelles ; c'est pourquoi **il faut, autant que possible, dessécher les marais, éloigner les fumiers des habitations.**

De tous les microbes apportés par les animaux, le plus redoutable est celui du *charbon*, que nous inoculent les insectes qui sucent le sang lorsqu'ils se sont attaqués auparavant à quelque animal charbonneux, tels sont : les *cousins* ou *moustiques*, les *taons* et plusieurs sortes de *mouches*, reconnaissables à un bec pointu que porte leur tête. Grâce aux grandes découvertes de M. Pasteur, on *vaccine* aujourd'hui contre le charbon, comme on vaccine contre la *variole*.

M. Pasteur a également réussi à préparer un liquide qui

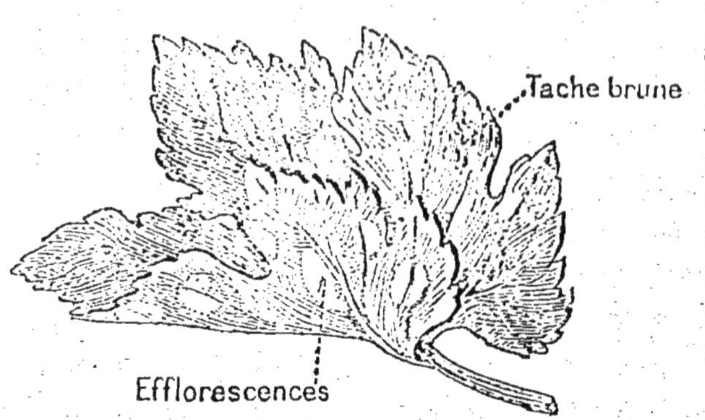

Fig. 137. — Feuille de vigne atteinte du *mildiou* ou mildew.

vaccine contre la rage et prévient cette épouvantable maladie. **Toute personne mordue par un chien enragé doit faire cautériser sa blessure au fer rouge, et se faire ensuite immédiatement transporter à l'Institut Pasteur, à Paris.**

Un des élèves de M. Pasteur, M. le docteur Roux, a institué la vaccination contre la **diphtérie, maladie très redoutable et très contagieuse,** dont une des formes les plus dangereuses est le **croup.**

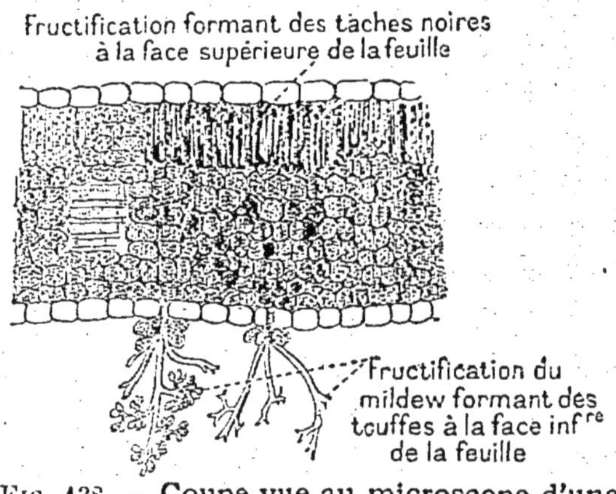

Fig. 138. — Coupe vue au microscope d'une feuille de vigne atteinte du *mildiou*.

MALADIES DES PLANTES

127. — Les champignons et les **bactéries** ne s'attaquent pas seulement aux liquides où ont séjourné des débris de plantes et d'animaux et à ceux que contient le corps des animaux; il y a des *moisissures* qui s'attaquent aux plantes que nous cultivons et les font périr en grand nombre. Sur le blé elles produisent la *rouille*, la *carie*, le *charbon*; sur la vigne (fig. 137), l'*oïdium* et le *mildiou* (fig. 138), sur les laitues, le *meunier*; sur les choux, la *hernie* et la *rouille blanche*; ce sont aussi des moisissures qui ont produit la maladie des *pommes de terre*.

On évite la carie du blé en faisant tremper la semence dans une dissolution de *vitriol bleu* ou *sulfate de cuivre*.

On préserve le blé de la rouille en faisant disparaître du voisinage des cultures les pieds d'*épine-vi-nette* sur lesquels la moisissure de la *rouille* (fig. 139) doit passer une partie de son existence. On préserve la vigne de l'*oïdium* en couvrant ses feuilles de *fleur de soufre*, et du *mildiou* en les aspergeant d'une dissolution de *vitriol bleu*.

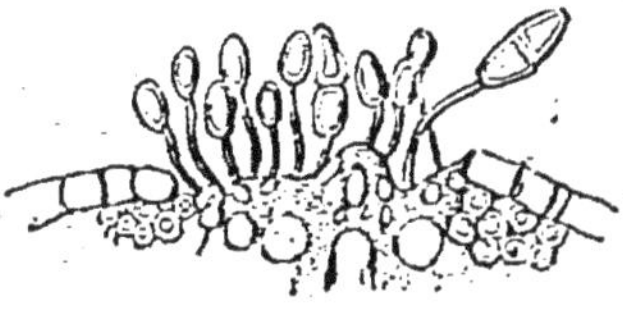

Fig. 139. — Moisissure produisant la *rouille* du blé.

ENTRETIENS

Végétaux utiles.

115. — Quelles sont les principales sortes de plantes utiles ?

Les principales sortes de plantes utiles sont les *plantes alimentaires*, les *plantes fourragères*, les *plantes textiles*, les *plantes oléagineuses*, les *plantes tinctoriales*.

116. Quelles sont les parties des plantes alimentaires que l'on mange ?

Suivant les espèces, les parties des plantes alimentaires que l'on mange peuvent être les *feuilles* (choux, salades, etc.), les *bourgeons* (choux de Bruxelles, asperges), les *racines* unies à une partie de la tige (carotte, betterave); certaines parties de la *tige* (pommes de terre); les *fruits* (pommes, pêches); les *graines* (noix, haricots, etc.).

117. — Qu'appelle-t-on céréales ?

On appelle *céréales* les plantes dont le fruit réduit en poussière donne une *farine* qui sert à fabriquer le *pain*.

118. — Comment nomme-t-on les plantes qui servent à l'alimentation du bétail et quelles sont les principales d'entre elles ?

Les plantes qui servent à l'alimentation du bétail se nomment *plantes fourragères*. Ce sont surtout le trèfle, le sainfoin, la luzerne, la betterave, le topinambour et les céréales avant leur maturité.

119. — Citez les principales plantes textiles.

Les principales plantes textiles sont le *lin* et le *chanvre* dans nos pays; le *coton* dans les pays chauds.

120. — Quelles sont les plantes qui fournissent des matières colorantes ?

Les plantes principales de nos pays qui fournissent des matières colorantes sont la *garance*, le *carthame* et le *pastel*.

121. — Existe-t-il, dans nos pays, des plantes médicinales ?

Un très grand nombre de plantes de nos pays sont utilisables dans la médecine, mais leurs propriétés sont rarement très actives.

122. — Quels sont les végétaux qui fournissent des huiles, et à quoi servent leurs huiles ?

Les huiles alimentaires sont fournies par les *olives*, les *noix*, les graines de *pavot*; les huiles impures et l'huile de *colza* servent à l'éclairage ; l'huile de *lin* est employée pour la peinture ; d'autres huiles sont médicinales, telles sont celles que fournissent les *amandes douces*, les graines de *ricin* et de *croton*.

123. — D'où proviennent les sucres ?

Le *sucre de canne* est contenu dans le suc de la *canne à sucre* et des *betteraves*. Le *glucose* ou *sucre de fruits* est contenu, en quantité variable, dans le suc des raisins, des pommes, des poires, etc.

Importance des Levûres et des Bactéries.

124. — Qu'appelle-t-on levûres ?

On appelle levûres de petits champignons qui font *fermenter* le jus des fruits ou le moût de bière et transforment ces liquides en vin, cidre, poiré ou bière, suivant leur origine.

125. — Connaissez-vous d'autres transformations produites dans les liquides sucrés ou dans le sang par des végétaux microscopiques ?

Ce sont des végétaux microscopiques qui font *lever* le pain, *rancir* le beurre, les graisses et les huiles ; *aigrir* le lait, le bouillon et le vin, et, en altérant les liquides de notre organisme, déterminent des maladies épidémiques et contagieuses.

126. — Comment peut-on détruire les germes de ces végétaux ?

On détruit les germes des *levûres* et des *microbes* en faisant bouillir pendant un certain temps les liquides qui les contiennent ou en plaçant quelques temps dans l'eau bouillante les vases contenant les comestibles qu'on en veut préserver.

127. — Quelles sont les principales maladies produites sur les plantes cultivées par les moisissures ?

Les moisissures produisent la *carie*, le *charbon* et la *rouille* du blé; la *rouille blanche* et la *hernie* du chou; l'*oïdium* et le *mildiou* de la vigne; la *maladie des pommes de terre*, etc.

Sujets de Rédaction.

37. Les graines et les fruits alimentaires. — Plan: Familles de plantes dont on mange les fruits; importance particulière des rosacées: fraises et framboises; prunes, cerises, abricots, pêches, amandes, coings, pommes, poires et nèfles. — Vigne. — Noyer; noisetier, châtaignier. — Cucurbitacées.

38. Les céréales. — Plan : Principales céréales de nos pays. — Importance alimentaire et fourragère de ces plantes. — Produits qu'elles fournissent; maladies qui les atteignent.

39. Plantes industrielles. — Plan : Plantes textiles; leur culture : chanvre, lin, coton. — Extraction, filage et tissage des fibres textiles. — Plantes tinctoriales; leur culture, leur importance : garance, carthame, pastel. — Indications sur l'origine et la fabrication de l'indigo. — Orseille.

40. Les moisissures. — Plan : Genre de vie des champignons microscopiques; d'où proviennent les moisissures. — Maladies des plantes cultivées produites par les moisissures, moyens de les prévenir ou de les guérir.

41. Les fermentations. — Plan : Analogie de la substance du papier ou cellulose, de l'amidon et des sucres. — Transformation du sucre de fruits en alcool sous l'action des levûres. — Fabrication du vin, du cidre et du poiré. — Fabrication de la bière; eaux-de-vie de grains et de pommes de terre. — Fabrication du pain.

42. Les huiles végétales. — Plan : Plantes susceptibles de fournir des huiles. — Lieux de production des plantes oléagineuses. — Extraction des huiles. — Huiles alimentaires. — Huiles d'éclairage. — Huiles siccatives.

IV. — LES MINÉRAUX

HUITIÈME LEÇON

Sommaire : PIERRES ET TERRAINS. — LA HOUILLE. — LA TERRE VÉGÉTALE.

—

PIERRES ET TERRAINS

128. — Toutes les productions naturelles qui ne sont pas vivantes, c'est-à-dire qui ne sont pas susceptibles de se nourrir, ni de respirer, ni de grandir, appartiennent au *règne minéral*.

Les **minéraux** sont les matériaux dont les **pierres** sont faites.

GRANIT

129. — Ainsi, en examinant un morceau de **granit**

(fig. 140), on y aperçoit des grains transparents comme du verre, des masses opaques blanches ou roses, des paillettes brillantes transparentes ou noires. Les grains transparents sont du *quartz*; les masses opaques, du *feldspath*; les paillettes brillantes, du *mica*. Le quartz, le feldspath, le mica, sont des *minéraux* dont le mélange constitue le granit.

Il y a de vastes pays dont presque toutes les pierres sont du granit ou des substances analogues; ce sont des pays granitiques, comme une grande partie du *Limousin*, de la *Bretagne*, du *Morvan*, etc.

SABLE. GRÈS

130. — Le granit en se désagrégeant forme le **sable**.

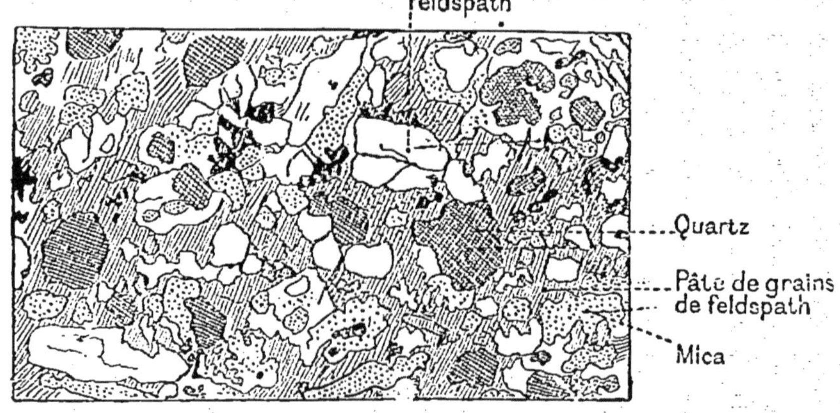

FIG. 140. — Un morceau de granit vu au microscope.

Ce sable, entraîné par les eaux de pluie, arrive dans les rivières, se dépose dans leur lit ou est emporté jusqu'à la mer; là il se joint au sable résultant de la destruction des granits du littoral. Le sable qu'on trouve en couches à l'intérieur des terres a été déposé dans des régions autrefois occupées par les eaux.

131. — Quand les grains d'une masse de sable viennent à être soudés par d'autres substances qui ont coulé entre eux et se sont ensuite consolidées, cette masse de sable devient du **grès**. Les grès les plus solides sont ceux dont les grains sont soudés par une variété du quartz qu'on nomme la *silice*. On les appelle *grès siliceux*. Les grès sont employés à faire des *meules de moulin*, des *meules à repasser*, des *pavés*.

ARGILE. SCHISTE

132. — Sous l'action prolongée de l'eau, les feldspaths

du granit se changent en *argile*. L'**argile**, aussi nommée *terre glaise*, est une sorte de terre molle, qui forme, avec l'eau, une pâte que l'on peut facilement pétrir et à qui l'on donne la forme que l'on veut. Les *briques*, les *tuiles*, les *poteries*, ne sont que de l'argile façonnée qui devient rouge et solide quand on l'a cuite au feu.

Les terres qui servent à fabriquer la *faïence* et la *porcelaine* sont des terres argileuses d'une grande finesse; la *terre à porcelaine* se nomme *kaolin*.

Les sculpteurs emploient la terre glaise, qui se pétrit facilement entre les doigts, pour modeler leurs statues. Ce sont ces modèles en terre glaise que l'on moule ensuite pour les couler en plâtre; le plâtre fournit à son tour le moule du bronze, ou bien on le copie rigoureusement pour le reproduire en marbre.

133. — L'argile comprimée très fortement prend une structure feuilletée. C'est de l'argile ainsi comprimée qui a formé les **schistes**. Ces pierres se laissent séparer en lames plus ou moins épaisses que l'on emploie pour faire la *toiture* des maisons et pour divers autres usages. Les plus fins de ces schistes ne sont autre chose que les *ardoises*.

ESSENCES MINÉRALES

134. — Certains schistes de Russie et d'Amérique sont imprégnés de liquides combustibles, volatils, qui se rassemblent parfois en véritables lacs. Ces liquides, que l'on appelle *huiles minérales, huiles de schiste, pétrole*, etc., sont supérieurs pour l'éclairage aux huiles végétales; ils s'en éloignent par leur volatilité; aussi vaut-il mieux les désigner sous le nom d'**essences**. Les essences proviennent en partie de la décomposition des organismes et surtout des animaux qui ont été autrefois enfouis dans les terrains où on les trouve. **Les essences minérales sont beaucoup plus inflammables que les huiles végétales; elles s'enflamment même à distance et ne doivent être maniées que loin du feu et avec les plus grandes précautions.**

CALCAIRE

135. — Il y a des régions très étendues, comme la Champagne, la Beauce, la Brie, l'Aquitaine, où le granit fait entièrement défaut et où la plupart des pierres sont blanches, sans minéraux distincts, mais contiennent souvent des débris d'animaux ou de végétaux que l'on nomme *fossiles*. Lorsqu'on verse sur ces pierres une goutte de vinaigre, le vinaigre *mousse* aussitôt comme de l'eau de savon dans laquelle on souffle ; il est traversé par une fou' - de petites bulles d'air qui jaillissent de la pierre et éclatent bientôt, de sorte qu'on entend, en prêtant l'oreille, une sorte de pétillement continu. C'est ce qu'on exprime en disant que le vinaigre fait *effervescence* avec la pierre. On ne constate rien de semblable avec les granits ou les schistes. Les pierres à effervescence constituent donc une nouvelle sorte de pierres qu'on nomme du **calcaire.**

136. — Il y a diverses sortes de calcaires. Lorsque le calcaire est transparent, il prend le nom d'*albâtre* ; s'il est en masses cristallines, on lui donne celui de *marbre.* Le marbre peut être blanc, veiné de diverses couleurs, ou presque noir. Le marbre blanc est employé de préférence par les sculpteurs pour faire les statues. Les marbres colorés servent, en général, à l'ornementation des édifices.

Les calcaires non cristallins et suffisamment compacts sont employés comme *pierres à bâtir.* Ils se laissent d'habitude facilement scier, tailler et sculpter et se prêtent, par conséquent, à tous les besoins de l'architecture.

On appelle *craie* un calcaire à grain serré qui se laisse facilement réduire en poussière parfois très fine. Lorsque la craie est très fine et très pure, elle laisse une trace blanche sur les objets un peu rugueux, et c'est d'elle qu'on se sert pour écrire sur les tableaux noirs dans les écoles.

137. — Le calcaire est souvent mélangé à d'autres matières sablonneuses ou terreuses. Il sert quelquefois de ciment entre les grains d'une masse de sable qui constitue alors un *grès calcaire.* On reconnaît les *grès calcaires* à ce qu'une goutte de vinaigre mousse comme sur le calcaire quand elle tombe sur eux.

Le mélange du calcaire et de l'argile forme une sorte de terre, appelée *marne*, que les agriculteurs répandent sur leurs champs quand ceux-ci manquent de calcaire, comme cela arrive en Sologne.

CHAUX

138. — Fortement chauffé dans des *fours à chaux* où

on l'a empilé au-dessus d'une voûte sous laquelle du feu
est allumé (fig. 141); le calcaire se tranforme en *chaux vive*.

Quand on verse de l'eau sur de la chaux vive, la chaux
l'absorbe en s'échauffant beaucoup, en augmentant beaucoup de volume et en se réduisant en poussière; la
chaux est *éteinte* quand elle a absorbé toute l'eau qu'elle
peut contenir.

139. — Un mélange de chaux éteinte et de sable
constitue, quand on y ajoute de l'eau, le *mortier* employé
pour la construction.

Le mortier, au moment où on l'emploie, est une sorte
de pâte qui ne tarde pas à se consolider à l'air, et devient
presque aussi dure que les pierres entre lesquelles on la
place pour les unir solidement
entre elles. Le mortier est également employé pour revêtir les
maisons d'une couche protectrice
sur laquelle on peut peindre et qui
se prête ainsi à l'ornementation.

140. — Les calcaires argileux donnent, lorsqu'on les cal-
cine, une sorte de chaux qui, au
contact de l'eau, s'échauffe, peu
ou pas du tout, et n'augmente
que peu ou point de volume. Les
chaux qui proviennent de ces

FIG. 141. — Four à chaux.

calcaires durcissent mal à l'air; mais, en revanche, elles
prennent sous l'eau une grande dureté; ce sont les *chaux
hydrauliques*, qui sont de la plus grande utilité dans la
construction des ponts, des citernes, des chaussées d'é-
tang, des digues, etc.

141. — Certaines chaux argileuses s'échauffent peu et
n'augmentent pas de volume au contact de l'eau; elles
forment cependant avec elle une pâte qui, aussi bien à
l'air que sous l'eau, devient rapidement dure comme la
pierre. C'est ce qu'on nomme un *ciment*.

PLATRE

142. — Le **plâtre**, que l'on emploie aussi dans les
constructions pour revêtir les murs, forme avec l'eau
une pâte fine, durcissant à l'air comme le ciment; il a
cependant une origine différente. On l'obtient en calcinant une pierre qui contient bien de la chaux, mais qui
ne fait pas effervescence avec le vinaigre, qui se dissout

dans l'eau un peu plus que le calcaire et que l'on trouve dans le sol en masses, généralement comprises entre deux couches d'argile. Cette pierre porte le nom de *gypse*.

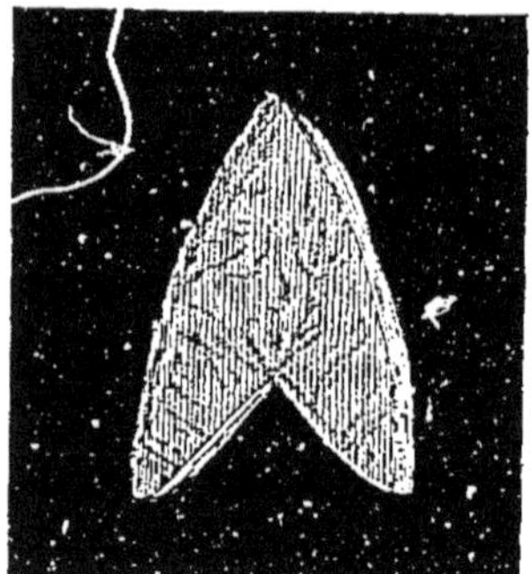

FIG. 142. — **Gypse fer de lance.**

Quand le gypse est transparent, il ressemble à l'albâtre et en prend d'ailleurs le nom.

Le gypse forme parfois de grands cristaux transparents qu'on nomme, à cause de leur forme (fig. 142), *gypse fer de lance.*

En mélangeant le plâtre avec la colle forte, on obtient une pâte qui se consolide lentement, mais devient très dure, peut être polie comme du marbre et sert, quand on la colore convenablement, à imiter cette pierre. C'est ce qu'on nomme le *stuc.*

DISPOSITION DES COUCHES DE TERRAIN

143. — Les espèces de pierres que nous venons d'énumérer ne sont pas distribuées sans ordre à la surface du globe. Elles s'étendent, en général, sur de vastes espaces ; sur les *falaises* (fig. 143), sur les tranchées de chemins de fer, on peut voir qu'elles sont presque partout disposées en couches parallèles. Ces couches sont quelquefois horizontales, comme si elles avaient été déposées par les eaux ; plus souvent, elles sont obliques, courbées, plissées ou même renversées les unes sur les autres. **On appelle stratification cette disposition des pierres de même nature**

FIG. 143. — Falaises de Dieppe.

par couches ou strates superposées ; un même ensemble de ces couches forme un terrain stratifié.

Les couches qui se succèdent dans un même terrain
peuvent être de nature différente : une couche d'argile
succède, par exemple, à une couche de calcaire ou à une
couche de grès. Il y a même des terrains stratifiés formés
de roches dont la composition est celle d'un granit à
grains très fins et où les paillettes de mica sont en couches parallèles : ce sont les *gneiss*, les plus abondantes
des roches du Limousin, du Morvan et de la Bretagne.

Le granit véritable se présente tout autrement ; il apparaît en masses qui ont refoulé devant elles les couches des terrains stratifiés, les ont soulevées, bousculées
et parfois en partie fondues, comme pourrait le faire la
lave d'un volcan, si elle ne réussissait pas à se faire jour
à travers le sol. **Le gra-
nit, les pierres ana-
logues, telles que le
porphyre et la lave
même des volcans,
ne forment donc pas
des terrains strati-
fiés, mais bien des
terrains éruptifs.**

Les terrains éruptifs ne
contiennent jamais de fossiles, tandis que les terrains stratifiés en contiennent habituellement. Très
souvent, ils contiennent
des minéraux cristallisés.

Fig. 144. — **Coquilles fossiles** encore
engagées dans la pierre.

C'est dans ces terrains que l'on recueille la plupart des
pierres précieuses : le *grenat*, le *rubis*, le *saphir*, l'*éme-
raude*. C'est aussi là que se trouvent une grande partie
des *minerais* qui fournissent nos métaux industriels.

FOSSILES

144. — Les calcaires ne sont pas les seuls terrains
où l'on trouve des *fossiles*. Il y en a dans la plupart des
terrains stratifiés. Ces fossiles sont surtout des *polypiers*,
des *oursins*, des *coquillages* (fig. 144), des squelettes de
poissons. Beaucoup de ces fossiles sont des restes d'animaux marins. Il est donc certain que les couches qui
les contiennent ont été déposées sous la mer. **La mer
a recouvert autrefois des espaces immenses
qui font aujourd'hui partie de la terre ferme.**
Certains bras de mer, en se desséchant rapidement, ont

laissé, la plupart, des couches de *sel gemme* qu'exploite l'industrie.

D'autres fossiles, des empreintes de plantes (fig. 145), des squelettes de reptiles, d'oiseaux ou de mammifères, ont été conservés dans la vase de grands lacs d'eau douce qui se sont ensuite- desséchés. Le gypse s'est déposé dans quelques-uns de ces lacs.

Les fossiles que l'on trouve dans les terrains stratifiés ne sont pas les restes d'animaux ou de végétaux semblables à ceux qui vivent de nos jours. Ceux que l'on trouve dans les couches les plus profondes proviennent d'animaux et de plantes tout différents des nôtres, mais qui ressemblent de plus en plus aux êtres actuels à mesure que l'on étudie des couches plus élevées.

Les couches les plus élevées ayant été déposées sur les plus profondes, se sont naturellement formées après elles. **La nature des fossiles permet donc de reconnaître l'âge des couches des terrains stratifiés.**

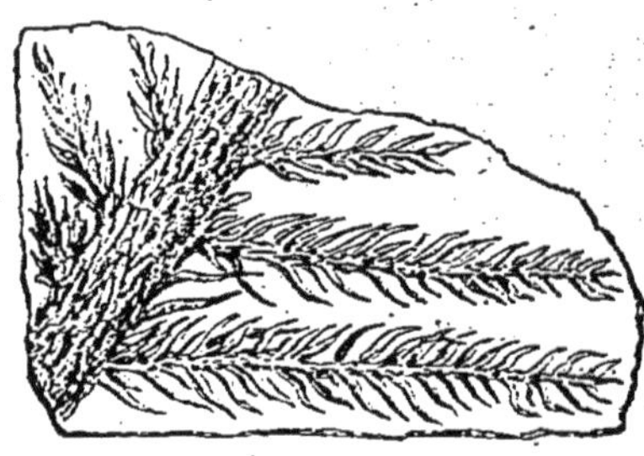

Fig. 145. — Plante fossile
(*Walchia piniformis*).

On distribue les terrains, suivant leur âge, en *terrains primaires, terrains secondaires, terrains tertiaires* et *terrains quaternaires*. Les *terrains primaires* reposent sur les *gneiss* qui formaient vraisemblablement la première croûte terrestre et qu'on nomme, pour cette raison, *terrains primitifs*.

PHOSPHATE DE CHAUX

145.— Les débris des coquilles de mollusques, des os de vertébrés ont donné lieu à la formation d'une autre sorte de pierres, dans la composition de laquelle entre la chaux et qui a une importance considérable pour l'agriculture; ces pierres sont les **phosphates de chaux,** surtout exploités dans les Ardennes, le Pas-de-Calais, la Somme, la Meuse, le Lot et l'Auvergne.

LA HOUILLE

146. — De toutes les substances contenues dans les terrains stratifiés, la plus importante est la **houille** ou *charbon de terre*. C'est un véritable charbon résultant de la décomposition de débris végétaux entraînés par les inondations dans d'immenses lacs des terrains primaires.

La houille est le combustible le plus employé dans l'industrie; mais on en extrait aussi le *gaz d'éclairage* et des *goudrons* qui servent à la fabrication des substances dites *couleurs d'aniline*. Ces couleurs ont remplacé toutes les autres dans l'industrie de la teinture; elles ont une grande vivacité de ton, mais *passent* facilement sous l'action du soleil.

Les plus importantes des mines de houille sont aux États-Unis; viennent ensuite celles de l'Angleterre, de la France, de la Belgique et de l'Allemagne.

LA TERRE VÉGÉTALE

147.—La **terre végétale** résulte du mélange de tous les débris de pierres et d'êtres vivants qui s'accumulent à la surface du sol. Ce sont les débris des pierres dominantes de chaque région qui en forment la partie essentielle; aussi sa composition, sa couleur, ses diverses qualités varient-elles d'une région à l'autre.

Pour permettre aux végétaux de bien se développer, la terre doit contenir du calcaire, du phosphate de chaux, et se laisser facilement pénétrer par l'air et par l'eau. Dans les pays de granit et de sable, elle manque de calcaire; dans les pays argileux, elle retient l'eau à sa surface et ne la laisse pas suffisamment pénétrer dans sa masse; dans les régions calcaires, l'eau est au contraire trop facilement absorbée, de sorte que **la meilleure terre végétale est un mélange d'argile, de sable, de calcaire et de phosphate dans des proportions déterminées, mélange auquel il est nécessaire d'ajouter une certaine quantité de débris organiques.**

AMENDEMENTS. ENGRAIS

148. — Quand une terre végétale ne contient pas les proportions voulues d'argile, de sable, de calcaire ou de phosphate, elle ne produit que de maigres résultats; pour avoir une récolte abondante et de bonne qualité, il faut ajouter à la terre ce qui manque; c'est ce qu'on nomme l'*amender*. Les *marnes*, les *phosphates*, les *cendres*, sont de précieux **amendements.**

Les débris organiques qu'on ajoute à la terre et qui fournissent aux plantes une part de leur nourriture se nomment **engrais**. L'engrais principal est le *fumier de ferme*, qu'on peut perfectionner en y ajoutant diverses substances dites *engrais chimiques*.

La récolte des plantes cultivées enlève peu à peu à la terre végétale les éléments nécessaires à sa fertilité. Il est donc nécessaire d'*amender* et de *fumer* les terres chaque année. **La première condition d'une bonne culture est de rendre toujours à la terre ce que les plantes lui ont pris, et de lui donner toujours, par les amendements et les engrais, la composition la plus favorable au développement des plantes qu'elle doit produire.**

ENTRETIENS

Pierres et Terrains.

128. — Quelle différence y a-t-il entre un minéral et une pierre?
Les minéraux sont les matériaux dont les pierres sont faites.

129. — Qu'est-ce que le granit ?
Le granit est une pierre formée par l'assemblage de trois minéraux ; le *quartz*, le *feldspath* et le *mica*.

130. — Quelle est l'origine du sable ?
Le sable résulte de la désagrégation du granit.

131. — Qu'appelle-t-on grès ?
On appelle *grès* une roche constituée par des grains de sable soudés entre eux par une autre substance.

132. — Qu'est-ce que l'argile et à quoi sert-elle ?
L'argile provient de la décomposition du feldspath du granit ; elle sert à fabriquer des briques, des poteries et à modeler les statues.

133. — Qu'appelle-t-on schistes ?
On appelle *schistes* des masses d'argile sèche à qui la compression a donné une structure feuilletée ; telles sont les *ardoises*.

134. — Quel rapport y a-t-il entre les schistes et les huiles minérales ?
Les huiles minérales imprègnent les schistes dans certains pays, ou se rassemblent dans leurs interstices en véritables lacs.

135. — A quoi reconnaît-on le calcaire?
Une goutte de vinaigre mousse quand on la laisse tomber sur une pierre calcaire.

136. — Quelles sont les principales sortes de calcaires?

Les principales sortes de calcaires sont l'*albâtre*, le *marbre*, le *calcaire à bâtir* et la *craie*.

137. — Quelles sont les principales roches fournies par le mélange du calcaire et d'autres substances?

Le calcaire, lorsqu'il unit entre eux des grains de sable, forme un *grès calcaire*; mélangé à l'argile, il constitue la *marne*.

138. — Comment obtient-on la chaux?

On obtient la chaux en calcinant le calcaire.

139. — A quoi sert la chaux?

La chaux sert à fabriquer le *mortier* avec lequel on unit entre elles les pierres à bâtir.

140. — Qu'est-ce que la chaux hydraulique?

La chaux hydraulique est une chaux durcissant sous l'eau, qui provient de la calcination d'un calcaire argileux.

141. — Qu'est-ce que le ciment?

Le ciment est une chaux hydraulique durcissant très vite aussi bien à l'air que sous l'eau.

142. — Le plâtre provient-il aussi de la calcination d'un calcaire?

Le plâtre provient de la calcination d'une pierre contenant de la chaux, mais sur laquelle le vinaigre ne mousse pas et qu'on nomme le *gypse*.

143. — Comment sont disposées les pierres dans l'épaisseur de la terre?

Dans l'épaisseur de la terre, les pierres sont disposées de deux façons : les unes sont superposées en couches parallèles et forment ce qu'on appelle des *roches stratifiées* ou des *terrains sédimentaires*; les autres forment des masses compactes qui traversent, en les refoulant, les terrains sédimentaires, ou s'étendent en nappe à leur surface : ce sont les *roches éruptives* telles que le granit et les laves.

144. — Qu'appelle-t-on fossiles?

On appelle *fossiles* des restes d'animaux ou de végétaux, généralement disparus, qui sont enfouis dans les terrains stratifiés.

145. — Connaissez-vous une roche importante pour l'agriculture, et qui soit formée de débris d'animaux?

Les débris d'animaux ont été l'origine des *phosphates de chaux* employés en agriculture.

La Houille.

146. — Comment s'est formée la houille?

La houille s'est formée sous les eaux, par la décomposition de débris de végétaux entraînés par des inondations, soit dans des lacs, soit dans des lagunes à l'embouchure des fleuves dans la mer.

La Terre végétale.

147. — Qu'est-ce que la terre végétale ?

La terre végétale est un mélange, dans des proportions déterminées, d'argile, de calcaire, de sable et de phosphate auxquels s'ajoutent des détritus organiques de toutes sortes.

148. — Comment assure-t-on et entretient-on la fertilité de la terre végétale ?

On assure et on entretient la fertilité de la terre végétale en la mélangeant à d'autres terres qui constituent les *amendements* et à des débris organiques qui constituent les *engrais*.

Sujets de Rédaction.

43. Les matériaux de construction d'origine minérale. — Plan : La pierre à bâtir. — Les ardoises. — La chaux, le mortier et le ciment. — Le plâtre.

44. Les combustibles minéraux. — Plan : La houille ; son mode de formation ; ses principaux gisements ; ses usages. — Le pétrole et les essences minérales ; leurs gisements ; leur origine ; leurs usages.

45. Les principales sortes de terrains et leur origine. — Plan : Disposition des pierres dans l'épaisseur du globe. — Terrains stratifiés et terrains éruptifs. — Fossiles des terrains stratifiés ; leur signification ; mode et formation des terrains stratifiés. — Minéraux les plus importants des terrains éruptifs.

46. La terre végétale. — Plan : Mode de formation de la terre végétale ; sa composition normale. — Moyens d'assurer et d'entretenir sa fertilité ; amendements et engrais.

V. — PRINCIPAUX PHÉNOMÈNES PHYSIQUES

NEUVIÈME LEÇON

Sommaire : Pesanteur. — Pendule. — Balance. — Leviers. — Les trois états des corps. — Propriétés des liquides. — Équilibre dans les vases communiquants. — Principe d'Archimède. — Baromètre. — Ballons.

PESANTEUR. PENDULE. BALANCES. LEVIERS.

PESANTEUR

149. — Tout objet qu'on ne soutient pas tombe sur la terre, comme s'il était attiré par elle. On nomme **pe-**

santeur cette action de la terre et, comme tous les objets lui obéissent, on dit que tous les corps sont *pesants*.

Si l'on suspend un *poids*, c'est-à-dire un objet pesant, à un fil, ce fil, pour s'opposer à la chute du poids, doit le tirer exactement en sens inverse de la pesanteur qui l'entraîne vers la terre et indiquer, par conséquent, le sens dans lequel agit cette dernière. Cette direction s'appelle *verticale*, et le fil muni d'un poids qui l'indique est employé par les ouvriers sous le nom de *fil à plomb* (fig. 146).

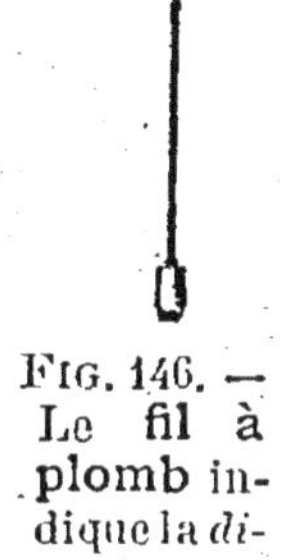

FIG. 146. — Le fil à plomb indique la *direction verticale*.

PENDULE

150. — Quand on écarte le fil à plomb de la direction verticale, il ne redevient pas tout de suite immobile et vertical quand on le lâche; il exécute au contraire une série de va-et-vient, qu'on nomme des *battements* ou des *oscillations;* on désigne ce fil à plomb oscillant, sous le nom de **pendule.**

151. — Les oscillations d'un même pendule, quand elles n'ont pas une grande étendue, ont sensiblement la même durée; aussi le pendule est-il la pièce principale des horloges qui servent à mesurer le temps (f. 147). Plus un pendule est long, plus il met de temps à exécuter un battement; on peut donc faire avancer ou retarder les horloges en raccourcissant ou en allongeant leur pendule.

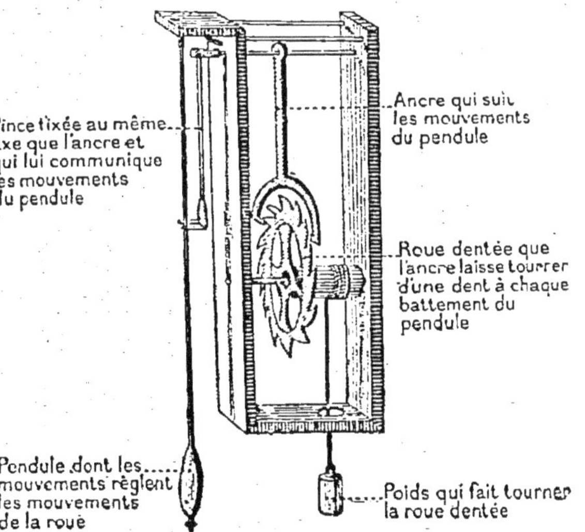

FIG. 147. — **Pendule**, réglant le mouvement d'une *horloge à poids.*

BALANCE

152. — On mesure le poids des corps à l'aide d'un instrument nommé **balance** (fig. 148). Une balance se compose essentiellement d'une tige nommée *fléau*, portant à chacune de ses extrémités un plateau ; le fléau est suspendu de manière à pouvoir s'incliner facilement du côté de l'un ou l'autre plateau.

Deux poids sont égaux lorsque, placés successivement dans le même plateau de la balance, tandis que l'autre plateau supporte un même corps, nommé *tare*, ils amènent le fléau à la même position.

Lorsque deux poids ont été reconnus égaux, si on les place aux extrémités d'un fléau de balance *suspendu par son milieu*, ce fléau se maintient à angle droit avec le fil à plomb. On dit alors qu'il est *horizontal*.

Le fléau des balances ordinaires est ainsi suspendu par son milieu ; dans l'un de leurs plateaux on met l'objet à peser, dans l'autre des poids marqués, *grammes*, *hectogrammes*, etc., jusqu'à ce que le fléau de la balance devienne horizontal ; une aiguille fixée au fléau indique quand il a atteint cette position (fig. 148). La somme des poids marqués représente alors le poids de l'objet.

FIG. 148. — Balance.

153. — Divisons maintenant l'une des moitiés du fléau en deux, quatre, huit, longueurs égales. Si nous laissons l'un de nos deux poids égaux à l'extrémité de la moitié non divisée du fléau, tandis que nous portons l'autre au milieu, au quart, au huitième de la longueur de la branche divisée, le fléau penche aussitôt du côté du poids demeuré à l'une des extrémités du fléau. Pour ramener celui-ci à être horizontal, il faut placer deux poids égaux aux poids primitifs, au milieu de sa longueur, ou quatre au quart de sa longueur, ou huit au huitième.

Par conséquent, *un poids placé à l'une des extrémités d'un bâton suspendu ou appuyé par un de ses points peut être soulevé par un poids deux fois, quatre fois, huit fois moindre agissant à l'autre extrémité du bâton, si cette extrémité est deux fois, quatre fois, huit fois plus éloignée que l'autre du point d'appui.*

Un bâton ainsi appuyé par un de ses points est ce

qu'on nomme un **levier**. Les parties du levier situées entre les poids et le point de suspension sont les *bras du levier*.

Fig. 149. — La **Pince des maçons** est un *levier* dans lequel le point d'appui est *entre la force* représentée par le maçon et le *poids à soulever*.

LEVIERS

154.—On emploie fréquemment les **leviers** pour soulever de lourds fardeaux. La *pince* des maçons (fig. 149) est un levier de fer sans cesse usité : pour s'en servir on

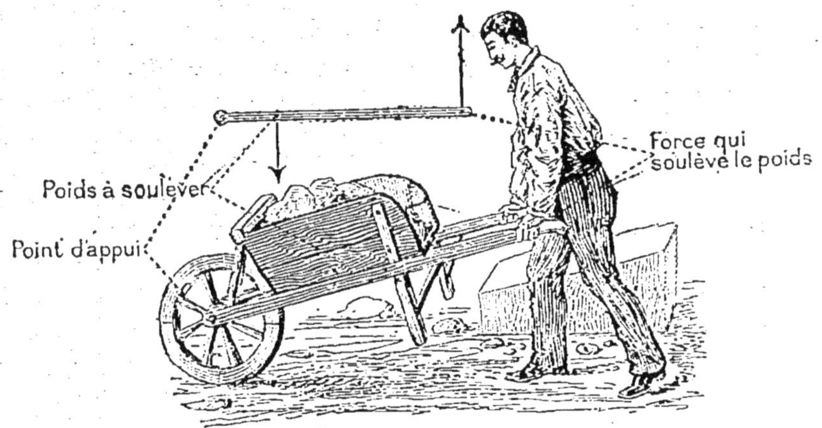

Fig. 150. — La **Brouette** est un *levier* dans lequel le poids à soulever est *entre le point d'appui* et la *force* représentée par l'ouvrier.

pose la pince sous le poids qu'on veut soulever; on glisse sous elle un rouleau de bois *le plus près* possible du poids; on fournit ainsi au levier un point d'appui et l'on pèse sur la pince *le plus loin* possible du point d'appui. On peut ainsi avec un faible effort remuer de très grosses pierres. Le fléau de la balance dite *romaine*, les *tenailles*, les *ciseaux* sont des leviers du même genre.

Le point d'appui d'un levier peut être placé à l'une des extrémités, le poids à soulever près de cette extrémité, tandis qu'on agit sur l'autre extrémité; dans ce cas on aura à faire un effort d'autant plus faible que le levier sera plus long. La *brouette* (fig. 150) est un levier construit de la sorte.

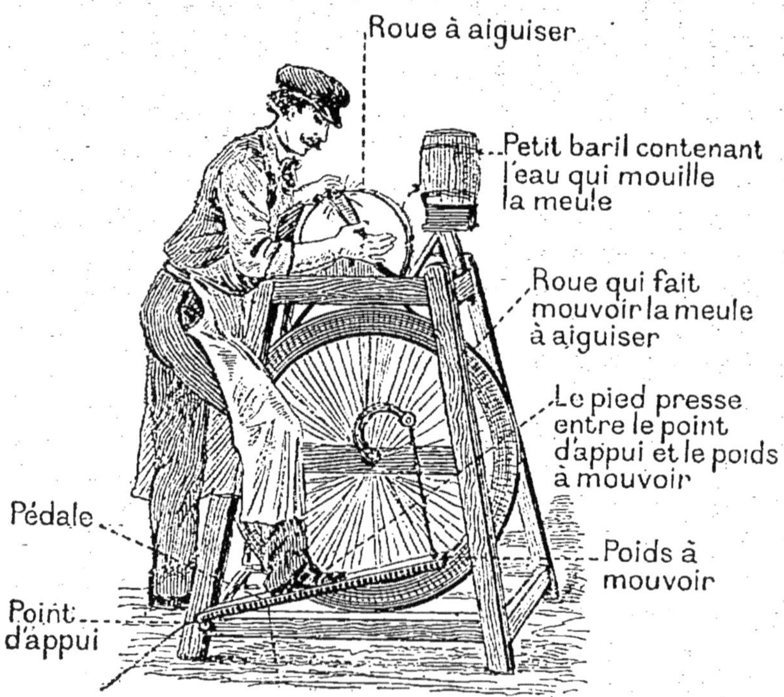

FIG. 151. — Notre **avant-bras** est un *levier* dans lequel la *force* représentée par notre biceps est *entre le point d'appui* qui est le coude et *le poids à soulever* qui est la main.

FIG. 152. — La **pédale du rémouleur** est un *levier* dans lequel la force représentée par le pied du rémouleur est *entre le point d'appui* et *le poids* représenté par la résistance de la roue à tourner.

Les os de nos membres sont aussi des leviers dans lesquels le point d'appui est à une extrémité ; mais, ici, le poids à soulever est plus loin du point d'appui que le point où s'insère le muscle qui doit le soulever (fig. 151). Grâce à cette disposition, un très faible raccourcissement du muscle peut déterminer un très grand déplacement de l'extrémité du membre qui représente ou supporte le poids.

La pédale à l'aide de laquelle les rémouleurs font mouvoir leur roue à aiguiser (fig. 152) est encore un levier de ce genre ; un faible déplacement du pied suffit pour faire tourner la roue.

LES TROIS ÉTATS DES CORPS

155. — Les diverses substances que nous connaissons, et qu'on nomme des **corps**, se présentent sous trois états : l'état de *solide*, l'état de *liquide*, et l'état de *gaz*.

Tout ce qui n'a pas besoin d'être soutenu pour garder sa forme est **solide**. Les pierres sont des productions naturelles solides.

Tout ce qui coule, comme l'eau, et n'a d'autre forme que celle du vase qui le contient, mais conserve dans ce vase un volume constant, est **liquide**.

L'air, qui ne peut être saisi et dont le volume n'a de limites que celles de l'espace qui lui est offert, est un **gaz**. Malgré leur ténuité et leur faculté de se répandre partout spontanément, les gaz sont pesants, comme les solides et les liquides.

PROPRIÉTÉS DES LIQUIDES. ÉQUILIBRE DANS LES VASES COMMUNIQUANTS. PRINCIPE D'ARCHIMÈDE

ÉQUILIBRE

156. — Quand on abandonne de l'eau ou tout autre liquide tranquillement dans un vase, la surface du liquide est toujours plane et, en outre, perpendiculaire en tous sens à la direction du fil à plomb ou direction verticale. On dit alors que cette surface est **horizontale** et que le liquide est en **équilibre**.

157. — Si l'on prend un tube de verre dont le bord inférieur soit parfaitement aplani, de manière à s'appliquer exactement sur une lame de verre, et qu'on plonge ce tube dans l'eau après avoir appliqué la lame de verre contre son ouverture inférieure, cette lame ne tombe pas dans l'eau comme elle le ferait dans l'air ; elle demeure attachée au tube (fig. 153). L'eau la *pousse* donc contre le tube et la maintient appliquée contre lui. Si on verse maintenant de l'eau dans le tube, la lame tombe au moment précis où l'eau versée dans le tube atteint le niveau de l'eau extérieure. La *poussée* qui appliquait la lame de verre contre le tube est donc égale à celle qu'exercerait en sens inverse l'eau dont la capacité intérieure du tube tient la place. On observe la même chose, que l'ouverture du tube soit horizontale, ou oblique, ou verticale.

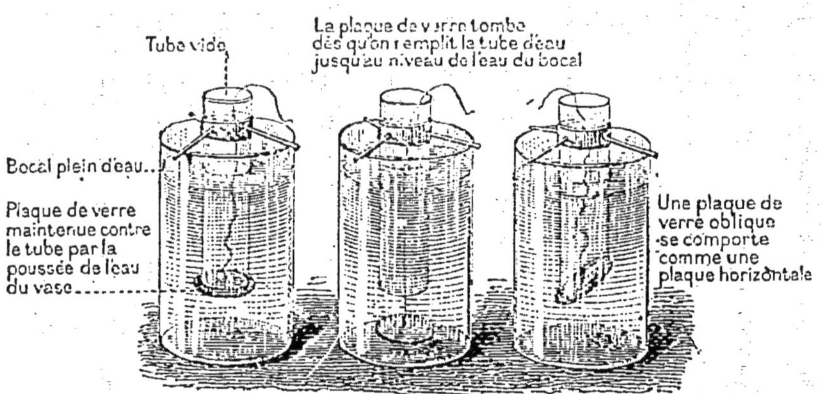

Fig. 153. — Une *plaque de verre* demeure *appliquée* contre un tube de verre vide plongé dans l'eau et ne s'en *détache* que lorsqu'on met *assez d'eau* dans le tube pour atteindre le niveau de l'eau extérieure.

158. — Supposons que la lame de verre soit une soupape qui ferme un trou du vase qui contient l'eau, et que le tube qui s'applique exactement sur elle soit lui-même extérieur au vase : il n'y a pas de raison pour que les choses ne se passent pas de la même façon ; si on verse de l'eau dans le tube, *quelle que soit la forme* de ce *tube* (fig. 154 et 155), la soupape se fermera exactement au moment où l'eau dans le tube atteindra le niveau de l'eau dans le vase. A ce moment, elle sera *également* poussée vers l'extérieur du vase par l'eau que ce dernier contient et vers l'intérieur du vase par l'eau du tube ; elle ne pourra donc pas bouger, elle sera en *équilibre*. Une lame d'eau qui prendrait sa place ne bougerait pas davantage, et serait en équilibre comme elle. Pour qu'il ne se produise aucun déplacement de liquide entre deux vases qui communiquent entre eux, il faut donc que l'eau atteigne le même niveau horizontal dans les deux vases, comme si ces deux vases n'en faisaient qu'un (fig. 154). Aussi dit-on, dans le langage courant, que *l'eau cherche toujours à retrouver son niveau.*

C'est pourquoi, dans les villes, on place les réservoirs d'eau à la plus grande hauteur possible : l'eau peut, alors, remonter dans les conduites jusqu'aux étages les plus élevés des maisons.

Si l'on fait un trou dans les conduites qui amènent cette eau, l'eau jaillit verticalement et forme ce qu'on nomme un *jet d'eau* (fig. 156). Pour avoir un jet d'eau il suffit de puiser l'eau à l'aide d'une conduite dans un réservoir élevé.

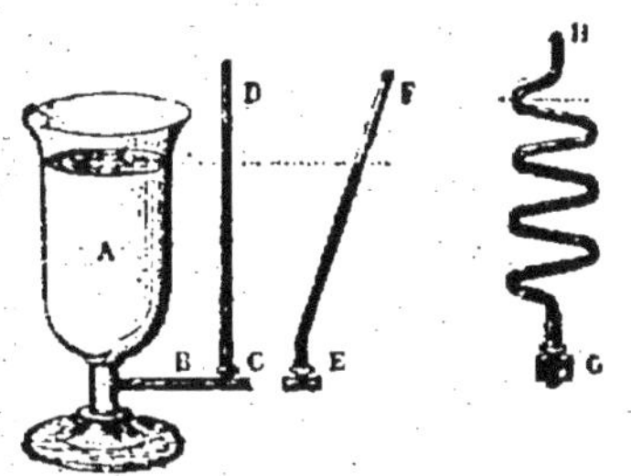

FIG. 154.   FIG. 155.

L'eau atteint toujours le *même niveau* dans des vases qui *communiquent* entre eux, quelle que soit leur forme.

VASES COMMUNIQUANTS

159. — Dans les **vases communiquants** représentés figures 154 et 155, la poussée de la petite quantité d'eau contenue dans le tube étroit extérieur au vase suffit pour faire équilibre à la poussée de toute l'eau du vase. Si on verse une certaine hauteur d'eau dans le tube, il faudra donc verser la même hauteur dans le vase pour que tout demeure en équilibre dans les deux vases. *Le tout petit poids de l'eau versée dans le tube étroit est donc capable de contre-balancer le poids de toute l'eau versée dans le grand vase pour que le liquide arrive à la même hauteur dans les deux vases.* On peut remplacer ces deux poids de *liquide* par des poids *solides* quelconques (fig. 157); on voit donc qu'à l'aide de deux vases communiquants, l'un très étroit, l'autre très large, un faible poids pressant sur l'eau du tube étroit

FIG.156. — L'eau qui s'échappe d'un trou percé dans un *tuyau communiquant avec un vase* jaillit *jusqu'à la hauteur* de l'eau dans ce vase.

FIG. 157. — Un *petit poids* pressant sur l'eau d'un *tube étroit* peut soulever un *très gros poids* porté par l'eau d'un *tube large.*

pourra soulever un très gros poids pressant sur celle du vase large.

On emploie dans l'industrie un appareil construit sur

ce principe; il porte le nom de **presse hydraulique** (fig. 158).

PRINCIPE D'ARCHIMÈDE

160. — Dans une masse d'eau en équilibre, c'est-à-dire où rien ne bouge, on peut isoler par la pensée un volume d'eau ayant telle forme qu'on voudra, ce volume demeure en place, il ne tombe pas; on peut donc dire *qu'il a perdu tout son poids*.

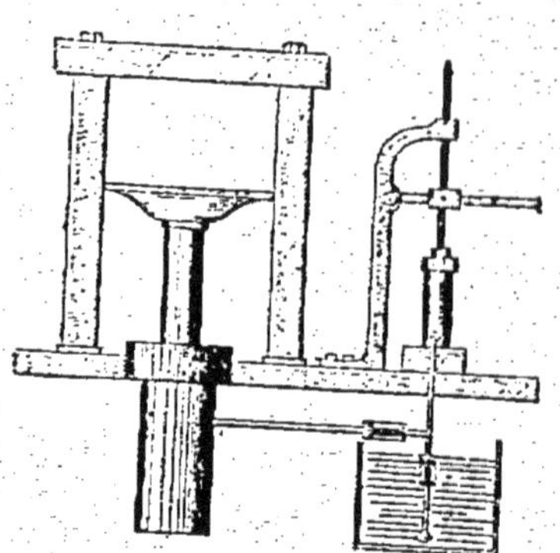

FIG. 158. — **Presse hydraulique.** Une faible pression exercée sur le *piston du cylindre de droite* suffit pour soulever un gros poids sur le plateau du *piston de gauche.*

Puisque ce volume de liquide ne présente aucun mouvement, il ne bougera pas davantage si toutes ses parties ont été rattachées les unes aux autres de manière à ne plus pouvoir *couler*, c'est-à-dire s'il est devenu solide; peu importera même la nature de la substance solide qui remplacera le liquide. Cette substance solide tiendra exactement la place du liquide, subira la même poussée, perdra le même poids, c'est-à-dire le poids du liquide qu'elle remplace. **Archimède**, savant de Syracuse, a exprimé le premier ce principe en disant: **Tout corps plongé dans un liquide perd une partie de son poids égale au poids du liquide qu'il déplace.**

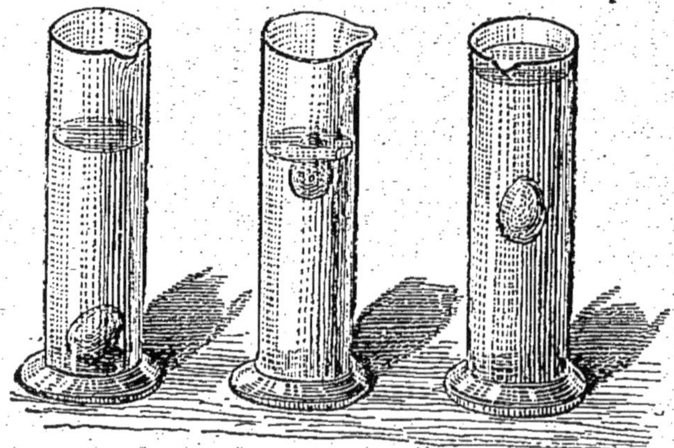

FIG. 159. — Un corps tombe au fond de l'eau, flotte ou demeure entre deux eaux, suivant qu'il est plus *lourd*, plus *léger* ou de *même poids* que l'eau qu'il déplace.

Si le volume de liquide déplacé est moins lourd que le corps, le corps tombera au fond du vase qui contient le liquide, c'est ce qui arrive aux pierres (fig. 159, n° 1).

Si le volume de liquide déplacé par la totalité du corps est plus lourd que le corps, celui-ci remontera à la surface et sortira en partie du liquide, jusqu'à ce qu'il ne déplace plus qu'un poids de liquide égal au sien (fig. 159, n° 2). On dit alors que le corps *flotte*; le *bois*, le *liège* flottent sur l'eau. Certains liquides *flottent* sur d'autres; l'*huile*, l'*alcool*, l'*éther*, par exemple, flottent sur l'eau. L'eau flotte, au contraire, sur le mercure, qui est le plus lourd de tous les corps liquides à la température ordinaire. Un navire flotte sur l'eau tant que son poids augmenté de celui de tout ce qu'il contient ne dépasse pas le poids de l'eau qu'il déplace.

Si le volume de liquide déplacé a le même poids que le corps, ce dernier demeurera *entre deux eaux* (fig. 159, n° 3), comme peuvent le faire les poissons grâce à leur *vessie natatoire*, remplie d'air.

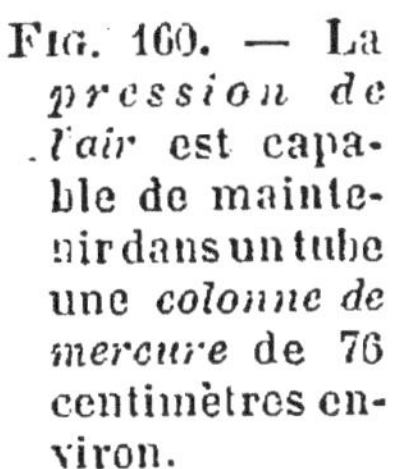

FIG. 160. — La *pression de l'air* est capable de maintenir dans un tube une *colonne de mercure* de 76 centimètres environ.

BAROMÈTRES. BALLONS

161. — Le *mercure* est un liquide lourd, ayant l'aspect de l'étain fondu. Remplissons de mercure un tube de verre long de un mètre environ, fermé à un bout, ouvert à l'autre (fig. 160); bouchons avec le pouce l'extrémité ouverte du tube, renversons-le sur une cuvette également remplie de mercure en l'enfonçant dans le mercure, puis enlevons le pouce, le mercure du tube ne descend pas entièrement dans la cuvette; il en demeure dans le tube une colonne d'environ 76 centimètres de hauteur.

C'est le poids de l'air, pressant sur le mercure de la cuvette, comme le ferait un liquide léger, qui empêche ainsi le mercure de descendre du tube; en effet, il suffit de casser l'extrémité fermée du tube pour que le poids de l'air s'exerce aussi bien sur le mercure du tube que sur celui de la cuvette, et aussitôt le mercure du tube tombe au même niveau que celui de la cuvette.

En renversant notre tube sur la cuvette, et en plaçant auprès du tube une règle divisée en centimètres et millimètres, nous aurons construit un nouvel instrument qu'on nomme un **baromètre** (fig. 161) et qui permet de mesurer la *pression de l'air*.

Si l'on avait remplacé dans le baromètre le mercure par de l'eau, l'eau se serait élevée dans le tube à environ dix mètres de hauteur parce qu'elle est plus de six fois plus légère que le mercure. Le poids de l'air peut donc soulever, dans un tube fermé et ne contenant pas d'air, une colonne d'eau de dix mètres. C'est cette pression qui fait monter l'eau dans les *pompes* (fig. 162, 163, 164) à mesure que leur piston s'élève; mais elle ne peut l'élever au-dessus de dix mètres.

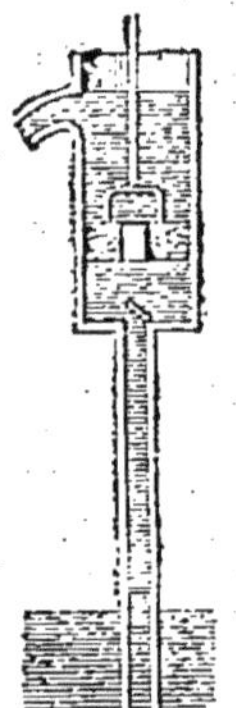

Fig. 161.— Baromètre à cuvette.

162. — L'observation du baromètre montre que la colonne de mercure qu'il contient est tantôt plus haute, tantôt plus basse, d'où il suit que le poids d'air qui presse sur sa cuvette varie. Quand le poids de l'air diminue, en un point du globe, il vient de l'air des régions où il a augmenté, de manière que le poids d'air que chaque point du globe a à supporter soit autant que possible le même pour tous. Ces voyages de l'air constituent les *vents*.

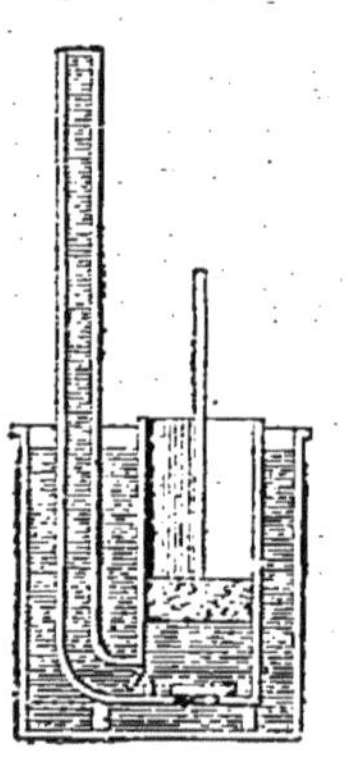

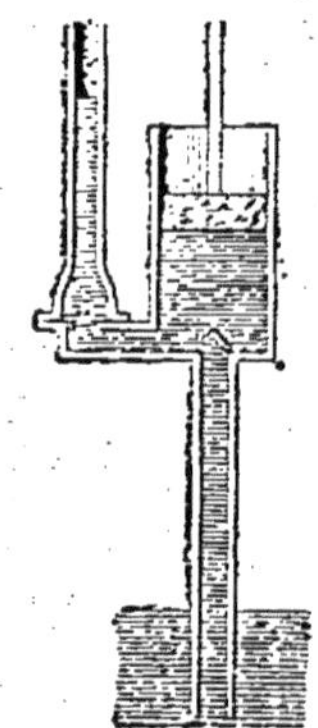

Fig. 162. — Pompe aspirante. Le *piston* en s'élevant fait *monter* l'eau dans le tube vertical.

Fig. 163. —Pompe foulante. Le *piston* en s'abaissant, *chasse* l'eau dans le tube latéral.

Fig. 164.—Pompe aspirante et foulante. Le *piston*, en s'élevant, fait *monter* l'eau dans le tube au-dessous de lui; en s'abaissant il *la chasse* dans le tube latéral.

Le baromètre indique donc *l'approche des vents*, et ses

indications peuvent servir, dans une certaine mesure, à *prévoir la pluie*, le *beau temps* et surtout les *orages* et les *tempêtes* (fig. 165).

BALLONS

163. — **Les gaz jouissent de toutes les propriétés que les liquides doivent à leur pesanteur et à leur mobilité.** En particulier, le *principe d'Archimède* leur est applicable. **Tout corps plongé dans l'air perd une partie de son poids égale à celui de l'air qu'il déplace.** Un corps plus léger que la quantité d'air qu'il déplace s'élèvera donc dans l'air.

Les **ballons** (fig. 166) s'élèvent dans l'air parce qu'ils contiennent un gaz beaucoup plus léger que l'air. Ils n'arrivent cependant pas jusqu'aux limites de l'atmosphère, parce que l'air devient de plus en plus léger à mesure que l'on s'élève, et qu'un ballon ne tarde pas à trouver une couche d'air dans laquelle il ne déplace plus qu'un poids d'air égal au sien. C'est dans cette couche d'air qu'il finirait par se tenir en équilibre si l'air était calme.

FIG. 165. — Baromètre à cadran avec indication du temps.

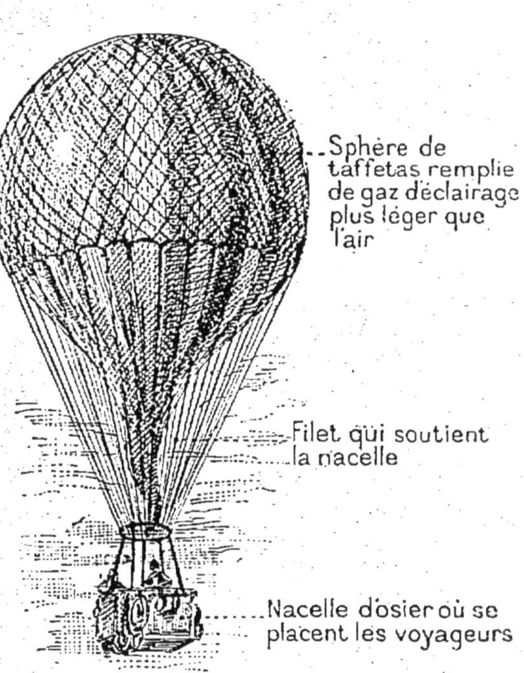

FIG. 166. — Ballon.

ENTRETIENS

Pesanteur. — Pendule. — Balance. — Leviers.

149. — Qu'appelle-t-on direction verticale et par quoi est-elle indiquée ?

On appelle direction *verticale*, la direction du *fil à plomb;* cette direction est celle dans laquelle agit la pesanteur.

150. — Que se passe-t-il quand on écarte le fil à plomb de la direction verticale ?

Le fil à plomb écarté de la direction verticale n'y revient qu'après avoir *oscillé* autour d'elle ; il constitue alors un *pendule*.

151. — Quelle est la propriété des petites oscillations d'un pendule ?

La durée des petites oscillations d'un pendule donné est toujours la même ; aussi ces petites oscillations peuvent-elles servir à mesurer le temps.

152. — Avec quoi mesure-t-on le poids des corps ?

On mesure le poids des corps avec la *balance*, instrument formé d'une tige ou *fléau* suspendue par son milieu et portant à chaque extrémité un plateau. Ces plateaux reçoivent l'un le corps à peser, l'autre des poids marqués. Ces poids représentent le poids du corps quand le fléau de la balance est devenu horizontal.

153. — Qu'est-ce qu'un levier ?

Un levier est une barre rigide qui appuie par un de ses points sur un corps résistant, et sur laquelle agissent en sens inverse un poids à soulever et une force capable de soulever ce poids.

154. — Quelle est la propriété fondamentale des leviers ?

Le levier permet d'employer pour soulever un même poids une force d'autant plus petite que le *bras* du levier sur lequel elle agit est plus long.

Les trois états des corps.

155. — Quels sont les différents états des corps ?

Les corps peuvent se présenter sous trois états : l'état de *solide* qui est celui des pierres, l'état de *liquide* qui est celui de l'eau, l'état de *gaz* qui est celui de l'air.

Propriétés des liquides. — Équilibre dans les vases communiquants. — Principe d'Archimède.

156. — Quelle est la forme que prend la surface d'un liquide abandonné à lui-même ?

La surface d'un liquide abandonné à lui-même est un *plan horizontal*.

157. — Qu'appelle-t-on poussée d'un liquide ?

On appelle *poussée* d'un liquide la pression qu'exerce ce liquide sur les corps plongés dans son intérieur ou sur les parois du vase qui le contient.

158. — Quand des vases communiquent entre eux, à quel niveau s'élève l'eau dans chacun d'eux ?

Quand des vases communiquent entre eux, l'eau s'élève dans

tous au même niveau horizontal, comme s'ils ne formaient
qu'un seul et même vase.

159. — Comment est faite la presse hydraulique et quels sont ses
avantages ?

La presse hydraulique est faite de deux tubes communiquant
entre eux, l'un étroit, l'autre large. Une petite pression
exercée sur l'eau du cylindre étroit se transforme dans le
cylindre large en une poussée d'autant plus grande que ce
cylindre est plus large.

160. — Quel est l'énoncé du principe d'Archimède?

Un corps plongé dans un liquide perd une partie de son poids
égale au poids du liquide qu'il déplace.

Baromètres. — Ballons.

161. — L'air est-il pesant ?

L'air est pesant ; c'est son poids qui fait monter le mercure
dans les baromètres et l'eau dans les pompes.

162. — A quoi sert le baromètre?

Le baromètre indique les variations de pression de l'air qui
déterminent les vents et peut ainsi servir à prévoir les orages.

163. — Le principe d'Archimède est-il applicable aux gaz?

Les corps perdent dans les gaz une partie de leur poids égale
au poids du gaz déplacé. C'est pourquoi les *ballons*, plus
légers que l'air qu'ils déplacent, s'élèvent dans l'air.

Sujets de Rédaction.

47. LA PESANTEUR. — Plan : Tous les corps sont pesants et tombent également vite. — Direction de la pesanteur; fil à plomb. —
Lois de la chute des corps. — Pendules; égalité de durée des oscillations d'un pendule. — Applications du pendule.

48. LES LEVIERS. — Plan : La balance; diverses sortes de leviers;
leurs applications. — Instruments, outils et appareils fondés sur les
propriétés des leviers : pince des maçons, tenailles, brouette, pédale de rémouleur, etc.

49. CONDITIONS D'ÉQUILIBRE DES LIQUIDES. — Plan : Horizontalité
de la surface des liquides. — Poussée des liquides sur les corps
plongés dans leur intérieur et sur le fond des vases qui les contiennent. — Vases communiquants. — Principe d'Archimède. — Corps
flottants.

50. LE BAROMÈTRE. — Plan : Pesanteur de l'air. — Pression atmosphérique. — Expériences qui démontrent son existence; pompes;
siphon. — Variations du baromètre. — Importance du baromètre
pour la prévision du temps.

51. LES BALLONS. — Plan : Principe d'Archimède appliqué à l'air.
— Ballons à air chaud; ballons à gaz. — Limite de hauteur à laquelle parviennent les ballons.

DIXIÈME LEÇON

Sommaire : LA CHALEUR. — LA LUMIÈRE. — L'ÉLECTRICITÉ. —
LES AIMANTS. — LE SON.

LA CHALEUR

164. — Tous les corps que l'on chauffe augmentent de volume; ils se *dilatent.* Une boule de métal qui passe facilement, mais tout juste, au travers d'un anneau quand elle est froide, n'y passe plus quand elle est chaude (fig. 167), et de l'eau que l'on chauffe dans une bouteille solidement bouchée fait sauter le bouchon ou brise la bouteille. En général les liquides se dilatent par la **chaleur** beaucoup plus que les solides; les gaz et les vapeurs encore davantage.

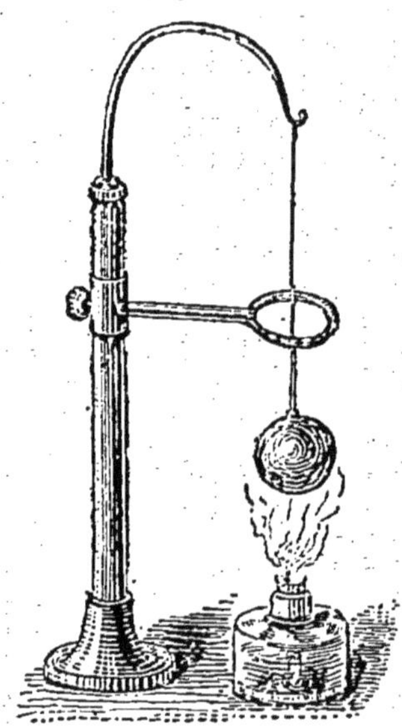

Fig. 167. — Une boule qui passe tout juste, quand elle est *froide*, au travers d'un anneau, n'y peut plus passer quand elle est chaude; elle s'est *dilatée.*

Les charrons utilisent la dilatation des corps pour cercler leurs roues; ils font chauffer fortement les cercles de fer qui doivent entourer la roue; celle-ci y pénètre alors plus facilement; quand le cercle se refroidit, il se resserre si bien qu'il semble soudé avec la roue. Les rails des chemins de fer se tordraient l'été par la dilatation si l'on ne prenait la précaution de laisser un petit intervalle entre deux rails consécutifs.

Fig. 168. L'eau de la boule monte dans le tube quand on la chauffe.

THERMOMÈTRE

**165. — Si on remplit d'un liquide une boule de verre surmontée d'un tube étroit (fig. 168), le liquide monte dans le tube quand on chauffe la boule et descend jusqu'à rentrer entièrement dans la boule quand celle-ci se refroidit. Quand on a chauffé suffisamment la boule pour que le liquide remplisse tout le tube, on peut fermer celui-ci, de manière que le liquide qu'il contient ne se perde pas et ne soit gêné par rien dans ses montées ou ses descentes. On a ainsi

un petit instrument qu'on appelle un **thermomètre**
(fig. 169). Le liquide que l'on met dans les thermomètres
est habituellement du *mercure*, métal liquide, ou de l'*alcool* coloré en rouge.

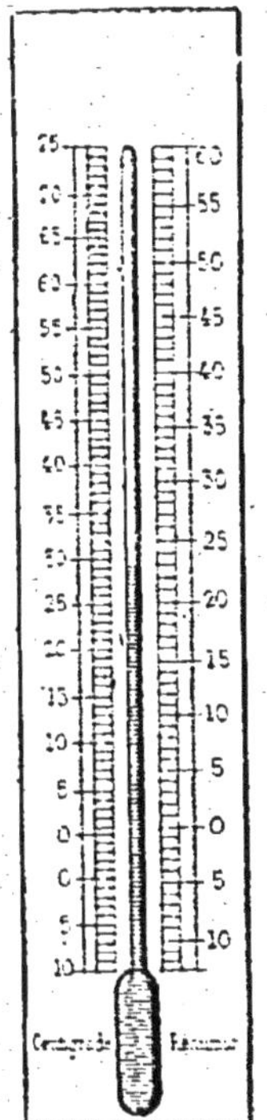

FIG. 169. — Ther-
momètre pré-
sentant à gauche
la *graduation or-
dinaire* ; à droite
celle de *Réau-
mur* qui marque
80° au point 100
et 60° au point 75.

166. — Quand on place un thermomètre dans de la glace qui fond, on constate
que le liquide qu'il contient s'arrête toujours à un même point du bas de la tige
(fig. 170); quand on le place dans de la
vapeur au moment où celle-ci se dégage
de l'eau qui bout (fig. 171), on constate
aussi que le liquide s'arrête à un même
point du haut de la
tige.

On marque *0* au
point d'arrêt du li-
quide correspon-
dant à la glace fon-
dante, *100* à celui
qui correspond à
l'*eau bouillante*.

167. — On di-
vise en cent par-
ties, par des traits,
l'intervalle entre le
point 0 et le point
100 et on numérote
chaque trait ; cha-
que numéro indique
un *degré de tempé-
rature*.

**La tempéra-
ture d'une salle**

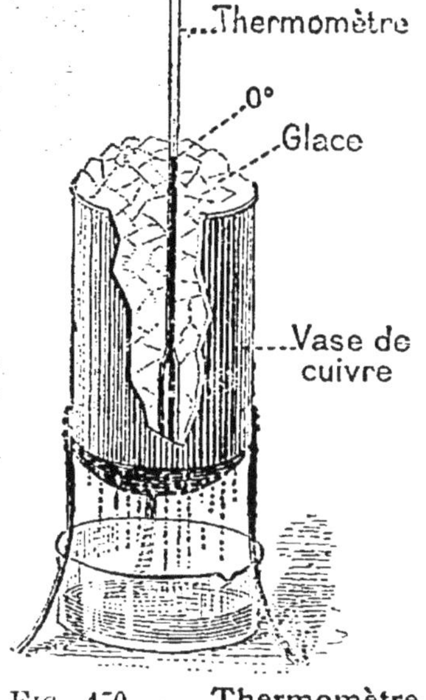

FIG. 170. — Thermomètre
plongé dans la *glace* fondante pour déterminer son
point 0.

est le nombre de degrés qu'indique un thermomètre placé dans cette salle.

L'emploi du thermomètre va nous fournir maintenant
des données importantes relativement à l'action de la
chaleur sur les corps.

168. — Tous les corps sont susceptibles, comme l'eau,
de revêtir les trois états de *solide*, de *liquide* et de *gaz*.
En les refroidissant suffisamment, on a réussi à liquéfier
tous les gaz, y compris l'air atmosphérique, et à solidifier

la plupart d'entre eux. En chauffant suffisamment les corps les plus réfractaires, on a réussi à les fondre et à les transformer en *vapeurs*, à les *vaporiser*.

Le thermomètre nous apprend que **chaque corps passe de l'état solide à l'état liquide, à une température toujours la même**, très basse pour les uns, très haute pour les autres.

VAPEUR

169. — Un liquide convenablement chauffé dégage d'abondantes *vapeurs* et entre en *ébullition*. Il ne faut pas confondre l'ébullition avec la *vaporisation*.

L'*ébullition* est la transformation rapide d'un liquide en bulles de vapeur qui le traversent plus ou moins bruyamment et vont éclater à sa surface ; mais le plus grand nombre des liquides, à toutes les températures, se

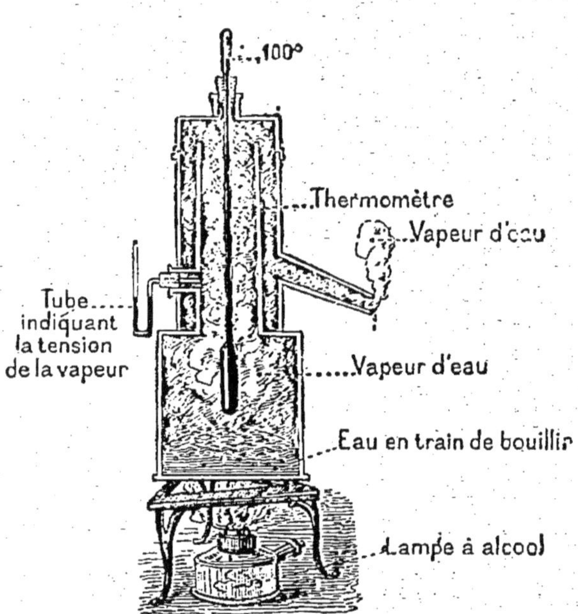

Fig. 171. — Thermomètre plongé dans de la *vapeur* pour déterminer son point 100.

changent lentement et imperceptiblement en vapeurs et disparaissent ; c'est cette transformation lente et continue que l'on nomme **vaporisation**.

Chaque liquide bout, c'est-à-dire entre en ébullition, à une température toujours la même quand on le chauffe à l'air libre.

170. — L'eau des pluies, répandue à la surface du sol, l'eau des rivières, des lacs et celle des mers se transforme sans cesse en vapeurs qui se confondent avec l'air atmosphérique et sont totalement invisibles tant que l'air demeure à une température suffisamment élevée. Mais **pour chaque degré de température, l'air ne**

peut contenir qu'une quantité déterminée de vapeur; cette quantité est d'autant plus grande que la température est plus élevée.

Quand de l'air, à la température de 15°, par exemple, contient toute la quantité de vapeur qui correspond à cette température, si cet air se refroidit, une partie de la vapeur d'eau qu'il contenait repasse à l'état liquide en formant de fines gouttelettes. On dit alors que la vapeur se *condense*. Ces fines gouttelettes produisent dans l'air une sorte de fumée qu'on désigne vulgairement d'une façon fort inexacte sous le nom de *vapeur*. Quand ce refroidissement se produit naturellement dans les hautes régions de l'air, la vapeur d'eau condensée forme des *nuages*, de la *pluie*, et, si la température tombe au-dessous de 0°, de la *neige* et de la *grêle*.

Quand le refroidissement de l'air a lieu au contact du sol, la vapeur d'eau condensée produit le *brouillard* et la

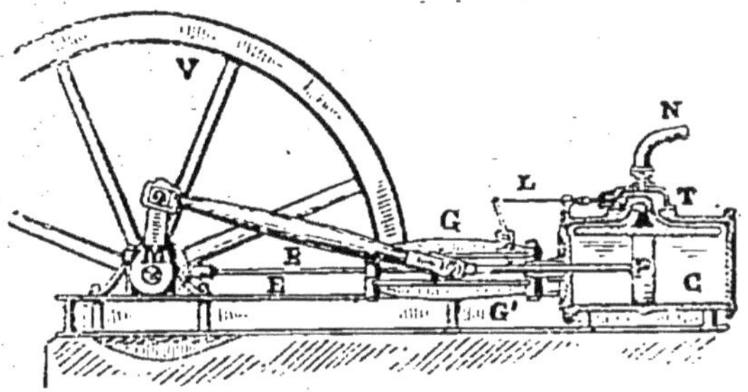

FIG. 172. — **Machine à vapeur.** —C. *Cylindre* où arrive la vapeur; P. *piston* qu'elle fait mouvoir alternativement dans un sens ou dans l'autre; B. *bielle* qui fait tourner la *roue* V quand elle est entraînée par le piston; E. L. T. *mécanisme* qui se meut avec la roue V et qui règle l'arrivée de la vapeur alternativement sur les deux faces du piston P; N. *tube* d'arrivée de la vapeur.

rosée, qui se transforme en *givre* ou *gelée blanche* à une température inférieure à 0°.

MACHINES A VAPEUR

171. — Lorsque de l'eau se change en vapeur, elle augmente beaucoup de volume. Si cette transformation est rapide, comme lorsque l'eau bout, la vapeur, dont le volume est beaucoup plus grand que celui de l'eau, presse énergiquement sur les parois du vase qui la contient, et cette pression de la vapeur, qu'on nomme aussi sa *tension*, peut aller jusqu'à faire éclater le vase.

Si l'on fait bouillir de l'eau à l'intérieur d'un cylindre ou *corps de pompe* fermé par un piston mobile, la vapeur provenant de cette eau soulèvera le piston; si, au moment où le piston arrive au sommet de sa course, on trouve moyen de refroidir brusquement le corps de pompe, la vapeur qu'il contenait redeviendra de l'eau, n'occupant plus qu'un très petit volume, et le piston redescendra. On pourra donc, grâce à l'échauffement et au refroidissement alternatifs du corps de pompe, obtenir un mouvement de va et vient du piston. Il sera facile ensuite d'utiliser, au moyen de *bielles*, ce mouvement de va et vient du piston pour faire tourner une roue. C'est le principe des *machines à vapeur* (fig. 172) qu'on emploie dans l'industrie à toutes sortes d'usage, et dont les *locomotives* des chemins de fer ne sont qu'une variété. La vapeur d'eau employée dans ces machines est généralement portée à une très haute température afin de produire des effets plus énergiques.

LA LUMIÈRE

172. — Les corps chauffés au delà d'un certain de-

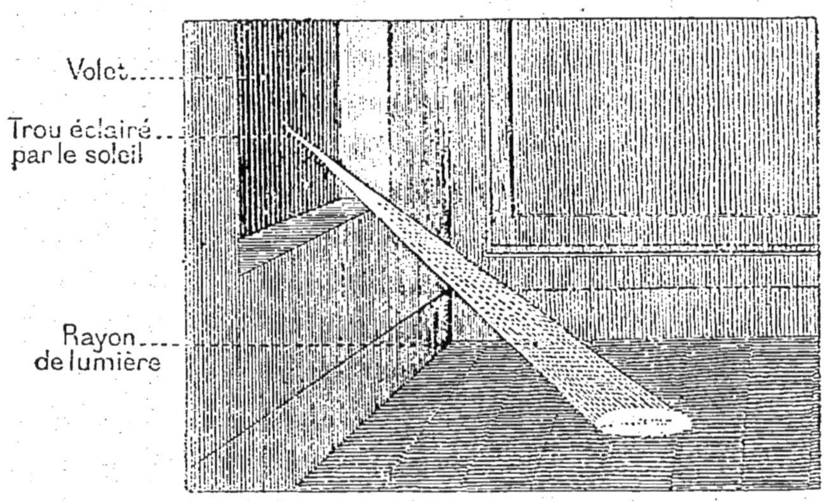

FIG. 173. — Rayon de lumière.

gré deviennent *lumineux*, et la **lumière** qu'ils émettent passe graduellement du rouge au blanc. Le soleil qui nous envoie de la lumière blanche doit donc être très chaud à sa surface. La seule lumière artificielle qui soit, dans une certaine mesure, comparable à celle du soleil, est la *lumière électrique*.

173. — Si l'on ferme soigneusement toutes les ouvertures d'une chambre avec des volets pleins, en ne laissant qu'un trou à l'un de ces volets, dès que le soleil arrive sur le trou, la lumière pénètre dans la chambre en dessinant une raie blanche, parfaitement droite, faisant suite à celle qui va du centre du soleil à celui du trou. Cette raie droite est ce qu'on nomme un *rayon de lumière* (fig. 173).

RÉFLEXION DE LA LUMIÈRE

174. — Si l'on reçoit ce rayon sur un miroir ou tout autre corps poli, il semble rebondir sur le miroir comme le ferait une balle élastique ; on dit alors qu'il se *réfléchit* (fig. 174). *Le rayon réfléchi fait avec la surface du miroir le même angle que le rayon primitif.* Le rayon réfléchi semble donc sortir du miroir comme s'il avait suivi, en *arrière* de ce miroir, une route symétrique de celle qu'a suivie le rayon primitif ; il produit sur nos yeux le même effet que s'il avait suivi réel-

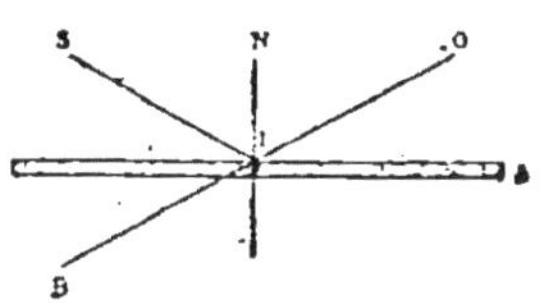

Fig. 174. — Un rayon de lumière parti du point S se *réfléchit* sur un miroir en faisant avec lui les mêmes angles que s'il venait du point B placé au-dessous du miroir à la même distance que le point S.

lement cette route symétrique. Les corps lumineux placés devant un miroir réapparaissent en conséquence en arrière du miroir ; tous les points de leur *image* sont à une distance de la surface du miroir égale à celle du point correspondant du corps, mais de l'autre côté.

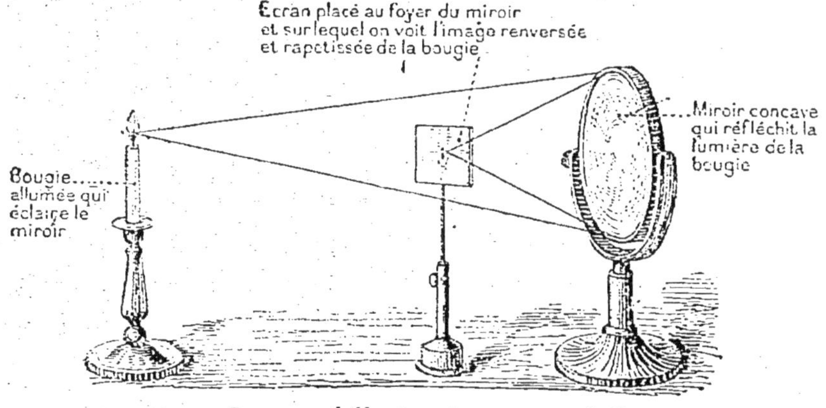

Fig. 175. — **Image réelle** formée par un *miroir concave.*

175. — Les miroirs *concaves* donnent des images qui peuvent être droites ou renversées, paraître en arrière ou en avant du miroir, suivant la distance des objets au miroir. Les images renversées qui se forment en avant du miroir peuvent être recueillies sur une feuille de papier ; on dit qu'elles sont *réelles* (fig. 175). La pièce principale des *télescopes*, qui servent à observer les astres, est un miroir concave. Ce miroir donne des astres une image réelle que l'on examine en détail avec des instruments grossissants.

RÉFRACTION DE LA LUMIÈRE

176. — Quand un rayon de lumière passe d'un corps transparent dans un autre, il change de direction; on dit alors qu'il se *réfracte* (fig. 176).

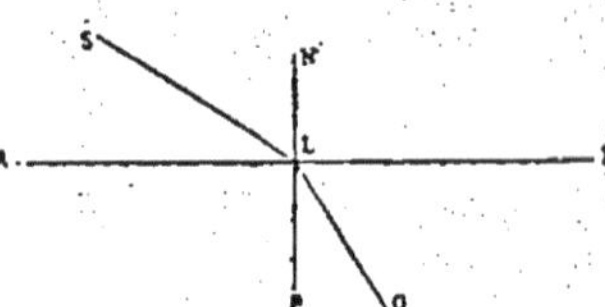

Fig. 176. Un **rayon de lumière** V paraît se *briser* quand il passe de l'eau dans l'air ou inversement; il se *réfracte*.

Un bâton droit que l'on plonge dans l'eau nous paraît *coudé* au niveau de la surface de l'eau, parce que les rayons qui viennent des parties plongées dans l'eau changent de route en passant dans l'air et nous font apparaître le bâton dans une direction différente de sa direction réelle. Pour la même raison, un objet que l'on met au fond d'un vase opaque et dont la vue nous est masquée par les parois du vase devient visible de certains points d'où on ne le voyait pas auparavant, dès qu'on remplit d'eau le vase.

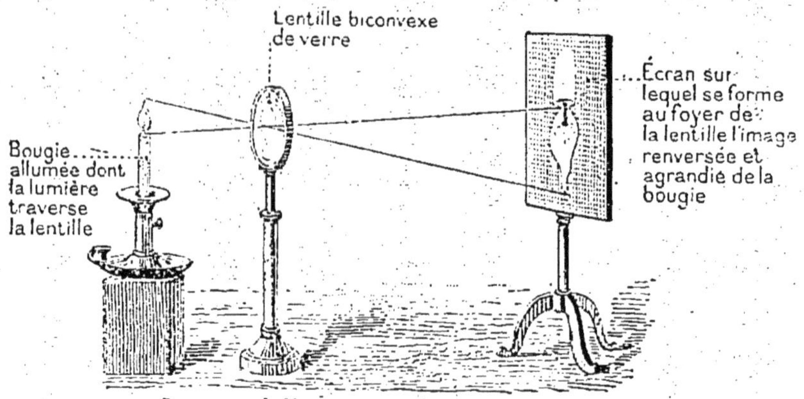

Fig. 177. — Image réelle renversée formée au foyer d'une *lentille*.

177. — Quand les rayons lumineux issus d'un point tombent sur un corps transparent *sphérique*, ils le traversent, en se réfractant de telle sorte qu'ils se réunissent de nouveau, à quelque distance du corps sphérique, en un point situé sur la ligne droite qui va du point lumineux au centre du corps sphérique.

Les rayons lumineux issus de chaque point d'un objet éclairé se rassemblent donc en autant de points distincts après avoir traversé le corps sphérique et constituent une image de l'objet. Ces images, suivant la position de l'objet, peuvent être *réelles* (fig. 177) ou se former seulement dans notre œil.

Les corps *réfringents*, limités par des surfaces sphériques, se nomment des *lentilles*. Les plus employés de ces corps sont en effet limités par deux surfaces convexes et aplatis sur leurs bords comme le fruit de la lentille. Les images fournies par les lentilles peuvent être plus grandes que les objets eux-mêmes. Aussi emploie-t-on les lentilles pour observer les objets très petits ou très éloignés. Une *loupe*, un verre de lunette de *presbyte* ne sont autre chose que des *lentilles biconvexes*. Un *microscope*, une *lunette astronomique* ne sont que des associations de lentilles propres à agrandir le plus possible les images des

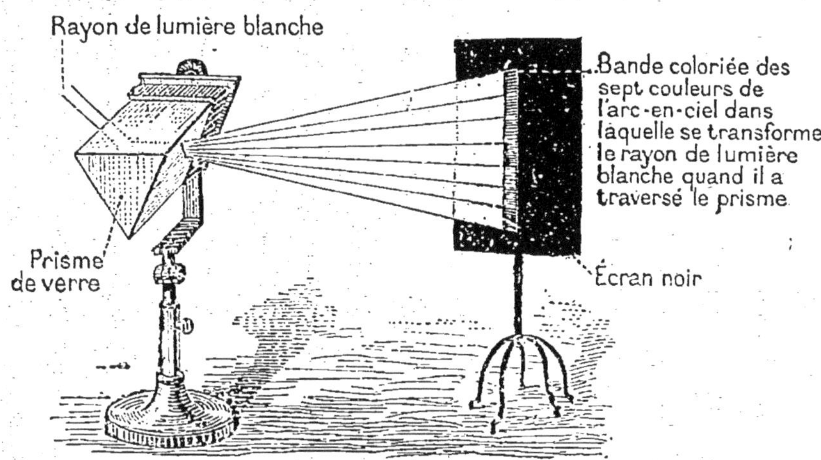

Fig. 178. — Un **rayon de lumière blanche** qui traverse un *prisme de verre* s'étale en une bande présentant les couleurs de l'arc-en-ciel, qu'on nomme le *spectre*.

objets. Les images que nous demandons à ces instruments ne se forment d'ailleurs que dans notre œil et ne peuvent être reçues sur un écran, comme celle de la figure 177; elles ne sont pas réelles.

SPECTRE SOLAIRE

178. — Un rayon de lumière blanche, en traversant un morceau de verre taillé en *prisme* à base triangulaire, ne conserve ni sa forme, ni sa couleur: il s'étale en un éventail à sept branches différemment colorées, mais dont les couleurs se fondent graduellement les unes dans les autres. Cet éventail se nomme le *spectre solaire* ou simplement le *spectre* (fig. 178).

Les couleurs du spectre se succèdent toujours dans le

même ordre, à savoir, à partir de l'arête du prisme : **rouge, orangé, jaune, vert, bleu, indigo, violet.** Ce sont ces couleurs réunies qui forment la lumière blanche. Le prisme les sépare, parce qu'en traversant le verre elles font, de la première à la dernière, un angle de plus en plus grand avec la direction primitive du rayon. On exprime ce fait en disant que l'orangé est *plus réfrangible* que le rouge, le jaune que l'orangé, et ainsi de suite.

Les gouttes de pluie qui flottent dans l'atmosphère décomposent à la façon du prisme les rayons de lumière du soleil levant et du soleil couchant et produisent l'*arc-en-ciel*, dont les couleurs se succèdent comme celles du prisme.

L'ÉLECTRICITÉ

179.—L'électricité se dégage de certains corps, tels que le *verre sec*, le *caoutchouc durci*, la *gutta-percha*, les *résines*, la *cire à cacheter*, etc., quand on vient à les frotter avec un chiffon de laine ou une peau de chat.

Les métaux ne s'électrisent par ce procédé que *s'ils sont isolés du sol par un support formé de l'un des corps précédents.*

Il semble donc que l'électricité demeure en place sur les corps de la première catégorie, tandis qu'elle circule facilement dans la substance des corps de la seconde pour s'écouler dans le sol. En conséquence, le *verre sec*, le *caoutchouc durci*, la *gutta-percha*, les *résines*, la *cire à cacheter*, sont dits **corps mauvais conducteurs** de l'électricité; les *métaux* sont, au contraire, des **corps bons conducteurs.**

180. — Les corps électrisés se reconnaissent à ce qu'ils attirent les objets légers non électrisés, tels que les *brins de laine*, les *morceaux de papier*, le *duvet*, etc., et repoussent ceux qui sont électrisés comme eux. En outre, *ils électrisent les autres corps à distance*, par **influence** (fig. 179)

Quand une grande quantité d'électricité a été accumulée sur un corps bon conducteur, elle peut s'en échapper sous forme d'une *étincelle* lumineuse, dont le départ est accompagné par un bruit semblable à un coup de fouet.

On obtient une longue étincelle et un bruit aussi fort qu'un coup de pistolet à l'aide de *machines électriques*, dont la pièce principale est un grand disque de verre qu'on tourne avec une manivelle, et qui s'électrise en frottant contre des coussins (fig. 180). Ce disque élec-

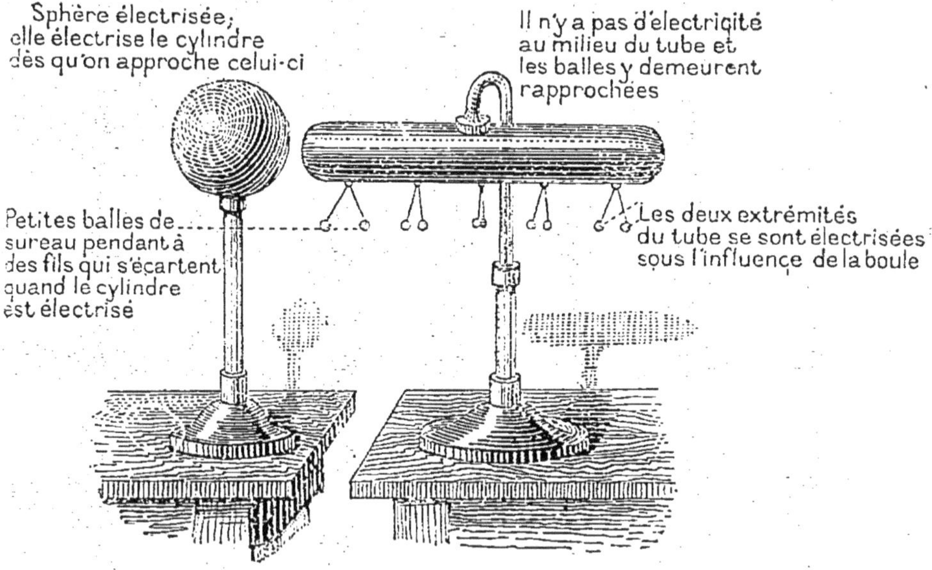

FIG. 179. — Un **corps électrisé** approché d'un autre corps *qui ne l'est pas*, électrise ce dernier par **influence**.

trise, à son tour, par influence, des cylindres de cuivre isolés sur des pieds de verre. Une grande quantité d'électricité s'accumule sur ces cylindres et jaillit dès qu'on en approche un corps con-ducteur.

FOUDRE. PARATONNERRE

181. — Les nuages ora-geux ne sont que d'immen-ses corps bons conducteurs sur lesquels s'accumule une grande quantité d'électricité; les *éclairs* qui en jaillissent ne sont que d'énormes étin-celles, et le *tonnerre* est le bruit de ces étincelles prolongé et renforcé par l'écho.

Fig. 180. — Machine électrique.

Les éclairs jaillissent habituellement entre les nuages, mais ils peuvent aussi jaillir entre les nuages et les corps bons conducteurs placés sur le sol, surtout si ces corps sont surélevés; on dit alors que la **foudre** tombe.

182. — **Il est particulièrement dangereux, durant un orage, de s'abriter sous un arbre, de se tenir dans une plaine auprès d'un objet saillant quelconque, tel qu'une meule de blé ou de foin, de demeurer auprès d'une masse métallique de quelque importance.**

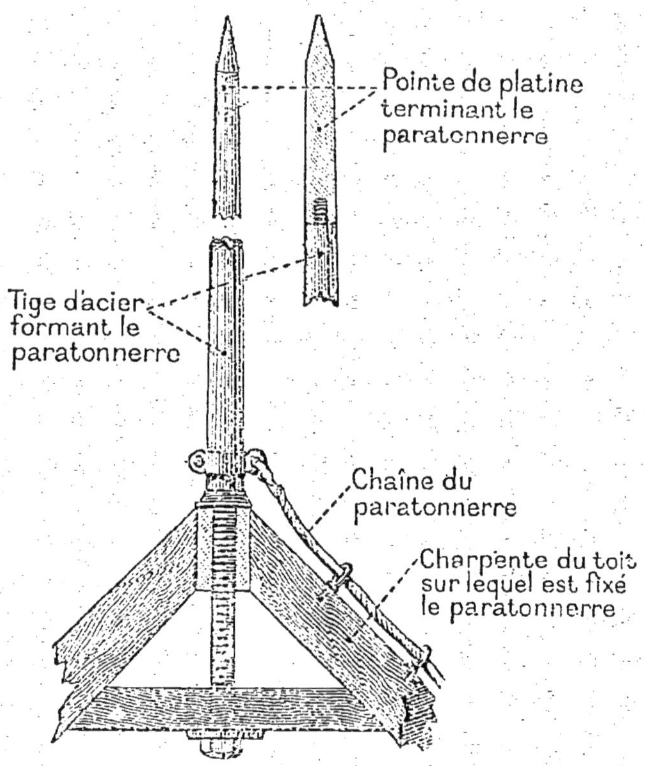

FIG. 181. — Paratonnerre.

183. — **L'électricité ne peut demeurer à la surface d'un corps conducteur terminé en pointe.** Il suffit même d'approcher d'un conducteur chargé d'électricité une pointe en communication avec le sol, pour que l'électricité de ce conducteur disparaisse aussitôt. On peut donc enlever aux nuages leur électricité en dressant contre eux des tiges métalliques pointues, en communication avec le sol. De telles tiges protègent contre les coups de foudre les édifices sur lesquels elles sont dressées. Ce sont des **paratonnerres** (fig. 181).

COURANTS. PILES

184. — **L'électricité chemine avec une vitesse prodigieuse dans les corps bons conducteurs.** Elle se transporte presque instantanément d'un bout à l'autre d'un fil métallique de la longueur de la France.

Quand l'électricité chemine dans un fil métallique, on dit que ce fil est traversé par un **courant.**

185. — Les courants électriques sont ordinairement produits par l'électricité qui se dégage d'appareils spéciaux nommés **piles électriques** (fig. 182).

Une pile est essentiellement formée de lames métalliques *de deux sortes*, plongeant dans des vases remplis d'un liquide qui attaque celles de la première sorte et respecte celles de la seconde ; un fil métallique réunit entre elles les deux sortes de lames. Si l'on réunit la première lame d'une sorte et la dernière de l'autre par un dernier fil d'une longueur quelconque, un

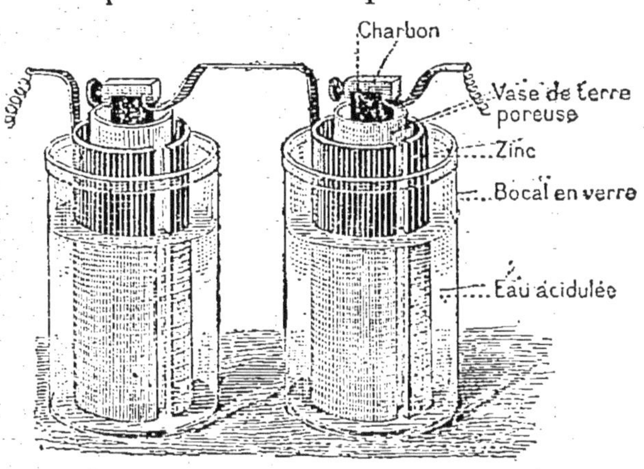

Fig. 182. — Pile électrique de Bunsen.

courant électrique apparaît aussitôt dans ce fil.

On peut remplacer l'une des lames métalliques par un prisme de charbon de cornue, comme c'est le cas pour la pile de Bunsen.

LES AIMANTS

186. — Si l'on fait passer un courant électrique dans un fil de métal tordu en ressort à boudin, un barreau de fer doux placé dans l'intérieur de ce ressort se transforme en **aimant** pendant toute la durée du courant, mais revient à l'état de fer ordinaire dès que le courant cesse. Un barreau ainsi *aimanté* attire le fer (fig. 183).

187. — On peut à volonté interrompre un courant ou le laisser passer dans un fil. On peut donc, presque instantanément changer, à l'autre bout du fil, un barreau de fer en *aimant* ou le *désaimanter*. Cette aimantation et cette désaimantation successives permettent au barreau de fer où elle se produit d'attirer et de relâcher tour à tour un levier de fer doux, de lui imprimer, en conséquence, un mouvement de va-et-vient. Ce mouvement peut être utilisé lui-même pour faire tourner, d'une quantité plus ou moins grande, une roue liée à une aiguille marquant des lettres sur un cadran. C'est le principe du **télégraphe électrique** (fig. 184).

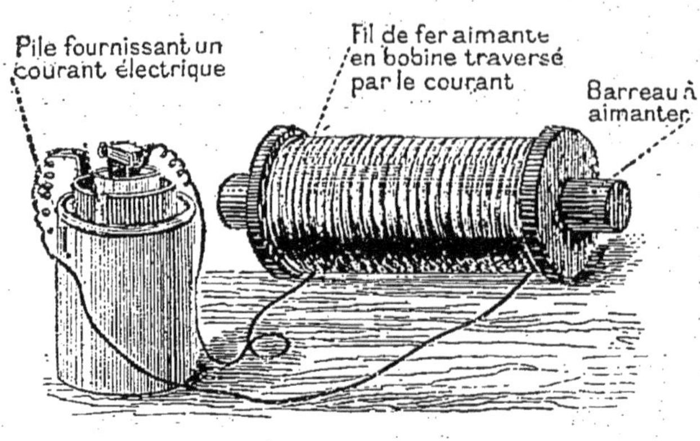

Fig. 183. — Aimantation d'un barreau d'acier par courant électrique.

188. — Un barreau d'acier ne se désaimante pas comme un barreau de fer doux quand on arrête le courant qui l'a aimanté; il garde son aimantation.

AIGUILLE AIMANTÉE. BOUSSOLE

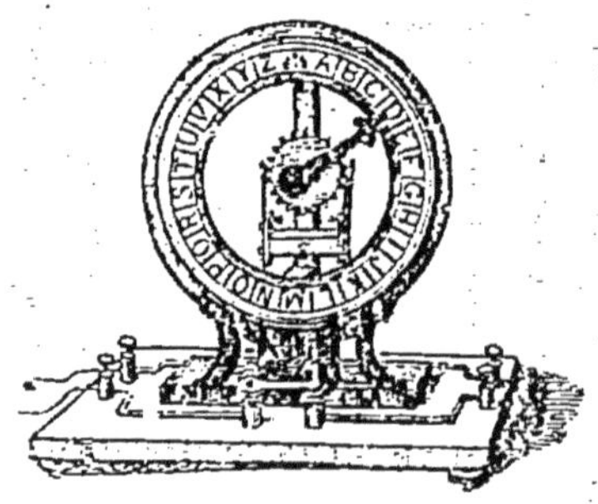

Fig. 184. — Télégraphe électrique à cadran.

189. — On peut tailler ce barreau de manière qu'il soit pointu aux deux bouts, et le munir en son milieu d'une chape qui permette de le poser sur un pivot vertical autour duquel il puisse tourner librement; c'est alors une **aiguille aimantée** (fig. 185). Ces aiguilles tournent constamment vers le Nord une de leurs extrémités, toujours la même.

L'aiguille aimantée est la pièce principale de la **boussole**, instrument qui sert en mer à diriger la route des navires, et qui, à terre, permet de s'*orienter*.

190. — Si les courants électriques peuvent produire des aimants, inversement les aimants peuvent engen-

drer des courants. Les courants les plus énergiques que
l'on emploie dans l'industrie sont produits par des aimants que de puissantes machines à vapeur font rapide-

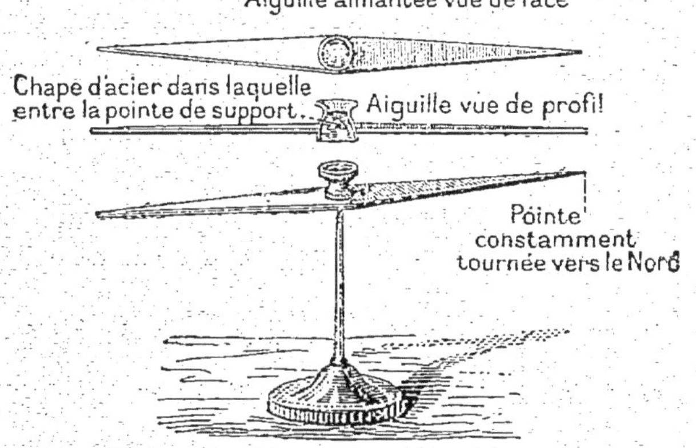

Fig. 185. — **Aiguille aimantée**; l'une de ses
pointes se tourne vers le *Nord*.

ment tourner à l'intérieur de bobines de fils conducteurs
reliées d'une manière spéciale à ces aimants (fig. 186).

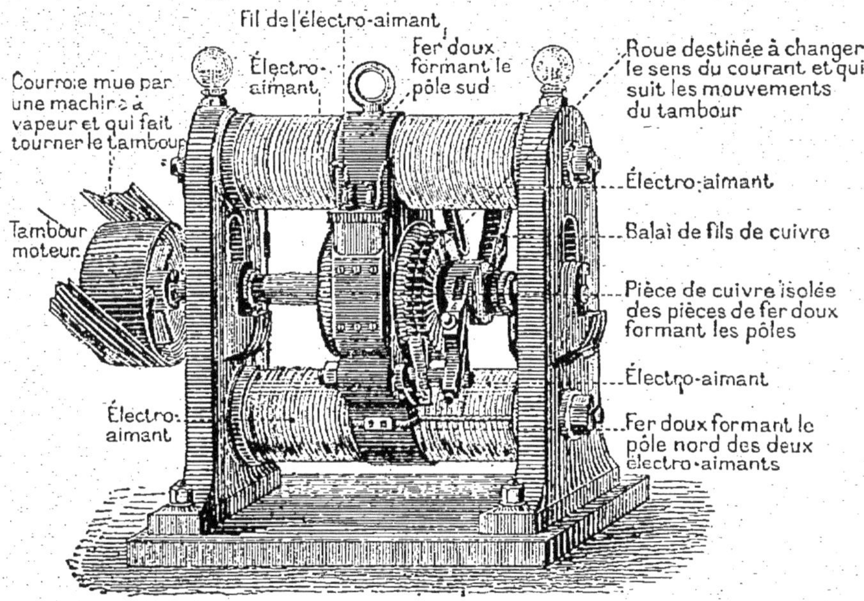

Fig. 186. — **Machine à produire la lumière électrique.**

Ce sont les courants engendrés par ces aimants qui produisent la **lumière électrique** employée à l'éclairage.

LE SON. PRODUCTION DU SON PAR LA VIBRATION D'UNE CORDE OU D'UN FIL DE FER

191. — Si l'on tend fortement une *corde* ou un *fil de fer*, puis qu'on l'écarte de sa position soit en tirant, soit en frappant dessus, la corde ou le fil de fer rend un **son**. L'archet des violonistes ne fait que tirer sur les cordes de leur violon (fig. 187), et l'on se borne à tirer ces cordes avec les doigts quand on joue de la guitare. Dans le piano, de petits marteaux qu'on fait mouvoir avec les touches frappent sur des fils de fer qui produisent alors un son, toujours le même.

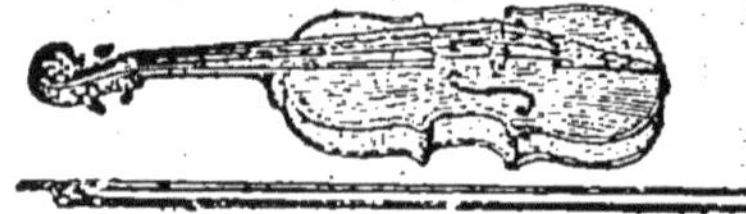

Fig. 187. — **Violon.** *L'archet tire sur les *cordes* du violon et les fait* **vibrer.**

Si l'on regarde avec attention une corde ou un fil de fer, au moment où le son est produit, on s'aperçoit bien vite qu'à ce moment la corde ou le fil de fer est agité d'un rapide mouvement de va-et-vient; de petits chevalets de papier placés sur la corde, sautillent alors régulièrement sur elle, et si le mouvement est étendu sont projetés au loin. On dit que la corde ou le fil de fer *vibre*.

SON DES CLOCHES ET DES TAMBOURS

192. — Une *cloche* sur laquelle retombe son *battant*, la peau d'un *tambour* sur laquelle on frappe avec des baguettes, deux *cymbales* qu'on vient de choquer l'une contre l'autre font, comme la corde. sautiller les corps légers placés à leur surface pendant tout le temps qu'on entend le *son* de la cloche, le *bruit* du tambour. La paroi de la cloche, la peau du tambour vibrent comme la corde. On sent très bien ces vibrations quand on applique contre ses dents un verre de cristal qu'on vient de frapper légèrement et qui *résonne* encore.

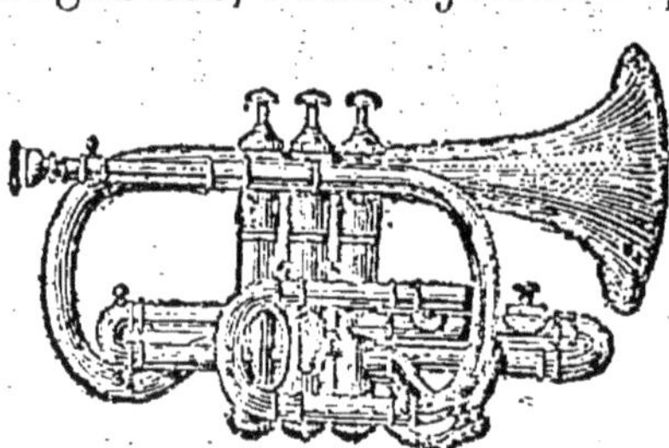

Fig. 188. — **Cornet à pistons.** — Comme dans le clairon, l'*air* contenu dans le tube de cuivre du cornet à pistons produit des *vibrations* qui donnent des **sons.**

Le son est donc produit par les vibrations des corps.

SON DU CLAIRON

193. — L'air contenu dans un tuyau produit, en vibrant, des sons tout aussi bien que les solides; le son du *clairon* est produit par la vibration de l'air contenu dans le tube de cuivre (fig. 188) qui constitue le clairon ; il en est de même pour tous les instruments de musique dits *instruments à vent*, qu'ils soient en cuivre comme le *cor*, le *cornet à pistons*, le *trombonne*, ou en bois comme la *flûte*, la *clarinette*, le *hautbois*, l'*orgue*, etc. Le *murmure des ruisseaux* montre que les liquides sont également capables de produire des sons.

Le bruit des explosions est dû aux violents mouvements de l'air qu'elles provoquent ; c'est aussi le cas du bruit du tonnerre.

PROPAGATION DU SON. ÉCHO

194. — Les vibrations, causes du son, se propagent, au travers de l'air, bien plus lentement que la lumière ; on voit la lumière d'un coup de canon avant d'entendre le coup ; l'éclair brille avant que le tonnerre gronde, et, quand on est loin de l'atelier d'un forgeron, on n'entend le bruit du marteau qui frappe sur l'enclume que plus ou moins longtemps après avoir vu tomber le marteau.

195. — Le son se propage encore mieux à travers les liquides et les solides qu'à travers l'air : on entend, en approchant l'oreille d'une table, les plus légers des bruits produits à l'autre bout de la table. Les sauvages, en appliquant l'oreille contre le sol, savent reconnaître des bruits qui se produisent à une grande distance.

196. — Les sons sont renvoyés par les obstacles, comme les images par un miroir. Quand on est placé assez loin de l'obstacle, le son renvoyé n'est entendu qu'assez longtemps après le son qu'il reproduit. C'est ce qu'on nomme l'**écho**.

ENTRETIENS

La Chaleur.

164. — Quel est le premier effet de la chaleur sur les corps ?
La chaleur dilate les corps.

165. — Qu'est-ce que le thermomètre ?
Le thermomètre est un instrument formé d'une boule surmontée d'un tube en verre fermé, et contenant un liquide qui monte ou descend dans la tige suivant que la boule s'échauffe ou se refroidit.

166. — Que signifient les points 0 et 100 marqués sur la tige des thermomètres ?

Le point 0 est le point où s'arrête la colonne liquide quand on met le thermomètre dans la glace fondante, et le point 100 celui où s'arrête cette colonne dans la vapeur qui se dégage de l'eau bouillante.

167. — Qu'entend-on lorsqu'on dit que la température s'est élevée d'un degré ?

On dit que la température s'est élevée d'un degré quand le sommet de la colonne liquide du thermomètre s'est élevé de la centième partie de la distance entre les points 0 et 100.

168. — Les corps conservent-ils en général l'état où nous les voyons à la température ordinaire ?

Tous les corps sont susceptibles de revêtir les trois états de solide, de liquide et de gaz ; il existe pour chacun d'eux une température au-dessous de laquelle il est solide, une température au-dessus de laquelle il est gazeux ; ces températures sont pour chaque corps sa *température de fusion* et sa *température d'ébullition*.

169. — Est-il nécessaire que les liquides soient portés à leur température d'ébullition pour se vaporiser ?

La plupart des liquides émettent des vapeurs à toutes les températures.

170. — Que devient dans l'air la vapeur qui se dégage des cours d'eau, des lacs et des mers ?

Quand la température se refroidit, la vapeur d'eau, contenue dans l'air, se change en *nuages, pluie, grêle, grésil* ou *neige;* à la surface du sol en *brouillard, rosée* ou *givre.*

171. — Qu'est-ce que la machine à vapeur ?

Dans la machine à vapeur on utilise l'énorme augmentation de volume que présente l'eau quand elle se change en vapeur pour soulever un piston contenu dans un corps de pompe ; le piston s'abaisse quand la vapeur se condense, et il en résulte un mouvement de va-et-vient que des dispositions spéciales permettent de transformer ensuite en un mouvement quelconque.

La Lumière.

172. — Dans quelle circonstance est produite la lumière ?

La lumière est produite en général lorsqu'un corps est porté à une haute température ; à mesure que la température du corps s'élève, la lumière, d'abord rouge, tend à blanchir.

173. — Qu'est-ce qu'un rayon de lumière ?

On appelle rayon de lumière la bande de lumière parfaitement droite qui traverse une chambre obscure lorsqu'un trou de ses volets est éclairé du dehors.

174. — Qu'arrive-t-il quand un rayon de lumière frappe un miroir?

Un rayon de lumière qui frappe un miroir se *réfléchit*, c'est-à-dire qu'il semble rebondir sur le miroir en faisant avec sa surface un angle égal à celui que faisait le rayon primitif lui-même.

175. — Quelle est la propriété la plus importante des miroirs concaves?

Les miroirs concaves donnent *dans certaines conditions* des images renversées des objets que l'on peut voir se peindre sur une feuille de papier.

176. — Qu'arrive-t-il quand un rayon lumineux passe de l'air dans l'eau ou, plus généralement, d'un milieu transparent dans un autre milieu transparent?

Un rayon lumineux qui passe d'un milieu transparent dans un autre milieu transparent se *réfracte;* c'est-à-dire qu'il est dévié plus ou moins de sa route, comme s'il se brisait à la surface de séparation des deux milieux.

177. — Qu'est-ce qu'une loupe?

Une loupe est une lentille de verre qui grossit les objets que l'on regarde au travers. Un microscope n'est que la combinaison de plusieurs loupes.

178. — Qu'arrive-t-il à un rayon de lumière blanche quand il traverse un prisme triangulaire de verre?

Un rayon de lumière blanche, en traversant un prisme de verre, s'étale en un éventail dont les branches présentent dans leur ordre les couleurs de l'arc-en-ciel : rouge, orangé, jaune, vert, bleu, indigo, violet. Cet éventail s'appelle le *spectre*.

L'Électricité.

179. — Qu'appelle-t-on corps mauvais conducteurs et corps bons conducteurs de l'électricité?

Les corps mauvais conducteurs sont ceux sur lesquels l'électricité peut être développée directement par le frottement; les corps bons conducteurs ne s'électrisent par le frottement que lorsqu'ils sont séparés du sol par un support mauvais conducteur.

180. — A quoi reconnaît-on qu'un corps est électrisé?

On reconnaît qu'un corps est électrisé à ce qu'il attire les corps légers; si ce corps est fortement électrisé, il en jaillit une étincelle quand on en approche un corps bon conducteur.

181. Quelle est la nature des éclairs, du tonnerre et de la foudre?

Les éclairs ne sont que des étincelles électriques jaillissant entre les nuages. Le tonnerre est le bruit de ces étincelles; quand un éclair jaillit entre les nuages et le sol, on dit que la *foudre tombe*.

182. — Quelles précautions doit-on prendre pendant un orage?

Pendant les orages, il faut éviter de s'abriter sous les arbres, de demeurer dans la plaine auprès des meules de paille ou de foin, ou de se placer auprès de grosses masses métalliques.

183. — Comment protège-t-on les édifices contre la foudre ?

On protège les édifices contre la foudre en plaçant au-dessus d'eux des *paratonnerres*, formés de longues tiges métalliques pointues, en communication avec le sol.

184. — Qu'appelle-t-on courant électrique ?

Il se produit un *courant électrique* d'une prodigieuse vitesse toutes les fois que l'électricité se déplace dans un fil conducteur.

185. — Quels sont les appareils à l'aide desquels on produit des courants électriques ?

Les appareils producteurs de courants électriques se nomment des *piles électriques.*

Les Aimants.

186. — Qu'arrive-t-il à un barreau de fer doux quand on le place à l'intérieur d'un ressort à boudin traversé par un courant électrique ?

Un barreau de fer doux placé à l'intérieur d'un ressort à boudin métallique s'aimante pendant la durée du courant, c'est-à-dire qu'il devient capable d'attirer le fer et l'acier ; il revient à l'état naturel dès que cesse le courant.

187. — Quel appareil important a-t-on fondé sur cette propriété des courants?

L'aimantation d'un barreau de fer doux par un courant qui peut être lancé d'un point très éloigné est le principe du *télégraphe électrique.*

188. — Quelle différence y a-t-il, au point de vue de l'aimantation, entre un barreau de fer doux et un barreau d'acier?

Un barreau de fer doux perd instantanément l'aimantation qu'on lui communique ; un barreau d'acier la garde.

189. — Qu'est-ce que la boussole ?

La boussole est un instrument qui permet de s'orienter et qui est fondé sur la propriété des aiguilles aimantées de tourner toujours une de leurs pointes vers le Nord.

190. — Comment sont engendrés les courants qui servent à produire la lumière électrique?

Les courants puissants qui servent à produire la lumière électrique sont engendrés par des aimants qui tournent en présence de bobines formées par l'enroulement d'un fil métallique.

Le Son.

191. — Dans quelles circonstances le son est-il produit par les vibrations d'une corde ou d'un fil de fer?

Le son est produit lorsqu'on écarte de sa position une corde tendue ou un fil de fer, soit en tirant, soit en frappant dessus. On s'aperçoit, au moment où le son est produit, que la corde ou le fil de fer est agité d'un rapide mouvement de va et vient. On dit alors que la corde ou le fil de fer *vibre*.

192. — Par quoi est produit le son des cloches et des tambours?

Lorsqu'une cloche sur laquelle retombe son battant, un tambour sur lequel on frappe avec des baguettes, un verre de cristal sur lequel on a frappé, laissent entendre un son, leurs parois sont en vibration. Le son est donc produit par les *vibrations des corps*.

193. — L'air peut-il produire des sons?

Le son du clairon est produit par les vibrations de l'air contenu dans le tube de cuivre de l'instrument; le murmure des ruisseaux, le bruit des explosions et du tonnerre sont produits par les mouvements de l'air.

194. — Le son se propage-t-il dans l'air aussi vite que la lumière?

Les vibrations, causes du son, se propagent dans l'air bien plus lentement que la lumière : l'éclair brille avant que le tonnerre gronde.

195. — Le son se propage-t-il à travers les liquides et les solides?

Le son se propage encore mieux à travers les liquides et les solides qu'à travers l'air.

196. — Qu'est-ce que l'écho?

Les sons sont renvoyés par les obstacles; lorsqu'on est placé assez loin de l'obstacle qui les renvoie, ils ne sont entendus qu'assez longtemps après le son qu'ils reproduisent. C'est ce qu'on nomme l'*écho*.

Sujets de Rédaction.

52. DILATATION DES CORPS; THERMOMÈTRE. — Plan : Effets de la chaleur sur les corps; principaux phénomènes dus à la dilatation. — Construction d'un thermomètre; détermination des points 0 et 100; définition du degré thermométrique et de la température.

53 CHANGEMENTS D'ÉTAT DES CORPS. — Plan : Tous les corps sont susceptibles de se présenter, suivant la température, sous les trois états de solide, de liquide et de gaz. Constance des températures de fusion et d'ébullition pour un même corps. — Différents états de l'eau : nuages et brouillards, pluie et rosée, neige et givre, grêle. — Tension de la vapeur d'eau; machine à vapeur.

54. PROPRIÉTÉS DES RAYONS LUMINEUX. — Plan : Définition d'un rayon lumineux. — Réflexion des rayons lumineux; miroirs plans, miroirs concaves; télescope.— Réfraction des rayons lumineux : lentilles grossissantes; loupe, microscope; lunettes d'approche. — Décomposition d'un rayon de lumière blanche par le prisme. — Arc-en-ciel.

55. Nature des éclairs et du tonnerre. — Plan : Développement de l'électricité sur certains corps par le frottement. — Corps mauvais conducteurs et corps bons conducteurs de l'électricité. — Électrisation par influence des corps bons conducteurs. — Étincelle électrique; sa puissance dans les machines électriques. — Comparaison avec les éclairs et le tonnerre; chute de la foudre. — Précautions à prendre durant un orage. — Pouvoir des pointes; paratonnerre.

56. Courants électriques; leurs applications. — Plan : Définition des courants électriques; leur vitesse. — Principe des piles électriques. — Aimantation du fer doux par les courants; principe du télégraphe électrique. — Aimantation de l'acier; boussole. — Production de courants par les aimants; lumière électrique.

57. Le Son. — Plan : Production du son par les vibrations d'une corde ou d'un fil de fer tendu. — Le son est produit par les vibrations des corps. — Production du son par les vibrations de l'air. — Propagation du son dans l'air, dans les liquides, dans les solides. — L'écho.

VI. — NOTIONS DE CHIMIE

—

ONZIÈME LEÇON

L'AIR ET L'ACIDE CARBONIQUE

197. — Du charbon qu'on chauffe fortement dans l'air *s'enflamme* et *brûle*, c'est-à-dire qu'il disparaît au bout d'un certain temps en ne laissant qu'un léger résidu de *cendres*.

Si l'on fait brûler ce charbon dans un bocal plein d'air, renversé sur une cuvette remplie d'eau, une fois le bocal refroidi on ne constate aucun changement dans le volume de l'air qu'il contient; seul, le charbon a disparu. Mais si l'on remplace l'eau de la cuvette par de *l'eau de chaux* bien transparente, on voit aussitôt l'eau monter dans le bocal en absorbant environ le cinquième du gaz qu'il contenait (fig. 189); en même temps cette eau devient laiteuse.

Le charbon, en brûlant, a donc changé une partie de l'air en un gaz que l'eau de chaux absorbe, tandis qu'elle n'absorbait auparavant aucune partie de l'air.

198. — Le gaz absorbé par l'eau de chaux s'appelle **acide carbonique.** C'est lui qui, en se dégageant par bulles du calcaire, fait mousser le vinaigre; c'est lui qui se dégage du jus de raisin et du moût de bière en fermentation; lui qui, en se dégageant dans la pâte du pain, y creuse les trous qu'on voit en grand nombre dans le pain cuit; lui encore qui fait mousser la bière et le vin de Champagne, et qui donne à l'eau de Seltz et à l'eau de Saint-Galmier leur saveur aigrelette. **L'acide carbonique est absolument irrespirable.**

199. — La partie de l'air non absorbée par l'eau de chaux après que le charbon a brûlé n'est pas respirable. C'est un mélange de deux gaz longtemps confondus **l'azote et l'argon;** ce dernier, découvert seulement en 1894, est en très faible quantité.

200. — Puisque le charbon en brûlant dans l'air de notre bocal a disparu, et que, l'acide carbonique une fois absorbé par l'eau de chaux, il ne reste dans le bocal qu'un gaz irrespirable, l'*acide carbonique résulte évidemment de l'union du charbon avec la partie respirable de l'air.* Le gaz qui brûle le charbon et forme la partie respirable de l'air s'appelle l'**oxygène.**

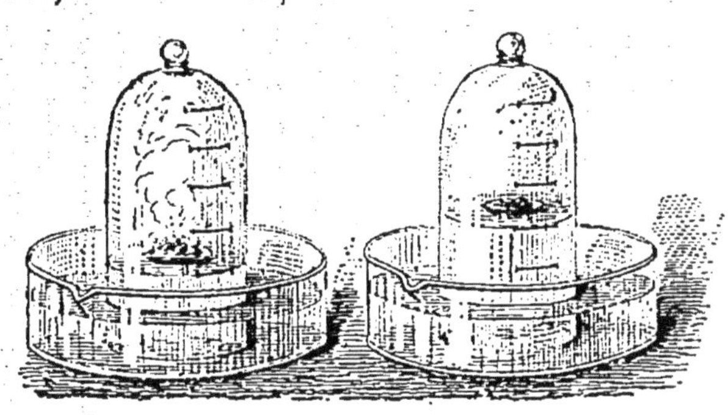

Fig. 189. — N° 1. — Du **charbon** qui brûle sous une cloche de verre *disparaît* sans que le volume de l'air contenu dans la cloche soit changé *après qu'il est refroidi.*

N° 2. — *L'eau de chaux* absorbe environ un *cinquième de l'air* où la combustion s'est produite.

L'air est donc un mélange de trois gaz : l'azote, l'argon et l'oxygène.

201. — Quand le charbon brûle en masse dans l'air, il ne brûle qu'incomplètement et produit un gaz différent de l'acide carbonique; c'est l'**oxyde de carbone,** violent poison que dégagent en abondance tous les brasiers. **Les poêles de fonte et tous les appareils de chauffage, sans tirage suffisant, où l'on brûle de grandes quantités de charbon, sont, pour**

cette raison, de très dangereuses causes d'asphyxie.

202. — Comme le charbon qui brûle, en respirant nous enlevons à l'air son oxygène, et nous exhalons en revanche de l'acide carbonique.

Notre haleine soufflée à travers l'eau de chaux la trouble comme l'acide carbonique. **Notre respiration n'est, en effet, qu'une combustion complète du charbon dont sont, en grande partie, formés nos organes.**

203. — L'acide carbonique rejeté dans l'air par la respiration des animaux et celui qu'y déversent quelques autres sources, est en partie absorbé par l'eau de la mer, en partie décomposé par les plantes vertes *sous l'action de la lumière;* les plantes en gardent le charbon et restituent à l'air l'oxygène.

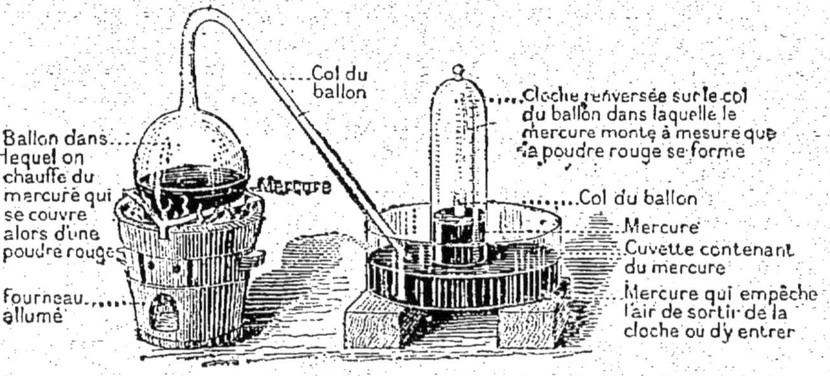

Fig. 190. — Disposition de l'expérience qui permet d'absorber l'**oxygène** de l'*air* en chauffant du *mercure* à son contact.

Dans une chambre fermée cette épuration de l'air n'a pas lieu ; aussi quand un trop grand nombre de personnes ou d'animaux sont enfermés dans une pièce dont l'air ne se renouvelle pas, l'asphyxie survient, entraîne un malaise qui peut aller jusqu'à la mort. **Des enfants sont morts, pour s'être, en jouant, cachés dans des coffres ou des armoires.**

204. — Même à la température ordinaire, l'oxygène de l'air se combine avec un grand nombre de corps, et notamment avec les métaux. Ce sont là de véritables combustions qui, en raison de leur lenteur, ne sont accompagnées d'aucune élévation appréciable de température.

Le fer se *rouille* à l'air humide parce qu'il en absorbe

l'oxygène ; le cuivre se couvre de *vert-de-gris* parce qu'il absorbe à la fois l'oxygène de l'air et l'acide carbonique qui s'y trouve toujours en petite quantité. Du mercure qu'on chauffe au contact de l'air en absorbe aussi l'oxygène et forme, en s'unissant à lui, une poudre rougeâtre qu'on peut recueillir et qu'on nomme l'*oxyde de mercure* (fig. 190).

205. — En chauffant davantage l'oxyde de mercure, on sépare de nouveau le mercure et l'oxygène. On peut alors recueillir celui-ci à part et on reconnaît que **l'oxygène se distingue de tous les autres gaz parce qu'une allumette presque éteinte, mais présentant encore quelques petits points rouges, s'y rallume et flambe aussitôt.**

206. — L'eau est formée de deux gaz : l'*oxygène* déjà

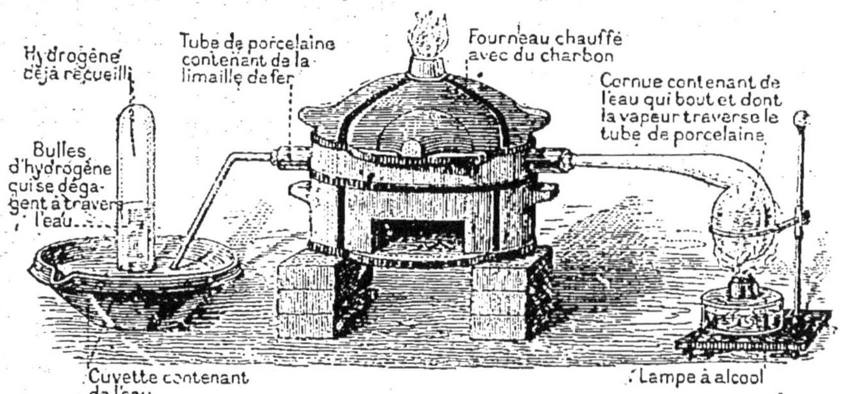

Fig. 191. — Disposition de l'expérience qui permet de décomposer l'eau. de lui enlever son **oxygène** et de recueillir l'**hydrogène** qui reste.

rencontré dans l'air et dans l'acide carbonique, et un gaz nouveau, l'**hydrogène.**

Il y a de nombreuses manières de décomposer l'eau et d'en séparer les deux gaz. La plus simple consiste à faire passer de la *vapeur d'eau* dans un tube en porcelaine contenant de la *limaille de fer* et chauffé au rouge (fig. 191).

L'oxygène est retenu par le fer qui se rouille et l'hydrogène sort à l'autre extrémité du tube. On peut aussi décomposer l'eau en y plongeant les deux fils conducteurs d'une pile électrique.

L'hydrogène s'enflamme dans l'air quand on en approche une allumette et brûle en

produisant de l'eau. C'est le plus léger de tous les gaz.

207. — Le *charbon* et l'*hydrogène* peuvent s'unir entre eux en une multitude de proportions ; ils forment ainsi des **carbures d'hydrogène**, les uns solides, les autres liquides, d'autres encore gazeux. La *paraffine*, la *naphtaline* sont des carbures d'hydrogène solides ; le *pétrole*, l'*huile de schiste*, le *goudron* sont des mélanges de carbures d'hydrogène liquides ; le *gaz d'éclairage* est un mélange de carbures d'hydrogène gazeux.

LES CORPS SIMPLES

208. — On n'a jamais réussi à décomposer ni le charbon, ni l'hydrogène, ni l'oxygène, ni l'azote, ni le mercure, ni aucun métal en d'autres corps ; aussi les appelle-t-on des **corps simples** ; au contraire, l'acide carbonique, la rouille, le vert-de-gris, l'eau sont des **corps composés**.

209. — Les corps simples se divisent en *métalloïdes* qui n'ont pas ou presque pas d'éclat, et en *métaux* reconnaissables à leur brillant.

210. — Les principaux métalloïdes sont : 1° des solides comme le *soufre*, le *phosphore*, le *bore*, l'*iode*, le *silicium*, l'*arsenic*, dont l'éclat est presque métallique, le *diamant* et le *graphite*, simples variétés du charbon pur ou *carbone* ; 2° des liquides comme le *brome* ; 3° des gaz comme l'*oxygène*, l'*azote*, le *chlore*, le *fluor*.

211. — Sauf l'*hydrogène* qui est un gaz, et le *mercure* qui est un liquide, tous les métaux sont solides à la température ordinaire.

Certains d'entre eux, très légers, flottent à la surface de l'eau, brûlent très facilement à l'air et même au simple contact de l'eau ; ce sont les *métaux alcalins*, comme le *potassium* et le *sodium* qui, en s'unissant à l'oxygène, produisent la *potasse* et la *soude*.

D'autres, les *métaux terreux*, s'oxydent aussi fort vite et forment, avec l'oxygène, des corps qui entrent pour une forte proportion dans la composition des terres ; tels sont le *calcium*, dont la combinaison avec l'oxygène produit la *chaux* ; le *magnésium*, qui brûle avec un vif éclat dans l'air en produisant de la *magnésie* ; le *baryum*, le *strontium*, etc.

Les métaux moins oxydables peuvent demeurer longtemps au contact de l'air sans s'altérer, ce qui permet de les utiliser à l'état métallique; ce sont les *métaux usuels* : l'*aluminium*, le *nickel*, le *fer*, le *cuivre*, le *zinc*, l'*étain*, le *plomb*.

Le zinc, le nickel et l'étain s'altèrent moins à l'air que le fer et le cuivre; aussi s'en sert-on pour recouvrir ces métaux d'une couche mince et très adhérente qui les protège : on *étame* le fer et on en fait ainsi du *fer-blanc* ; on *étame* les casseroles de cuivre, etc. Les fils télégraphiques sont des fils de fer recouverts d'une pellicule de zinc; le fer couvert de zinc se nomme *fer galvanisé*. On *nickèle* aujourd'hui beaucoup d'objets que l'on *argentait* auparavant.

Enfin les *métaux précieux*, qui comptent parmi les plus lourds, ne s'altèrent presque pas au contact de l'air; les principaux sont : l'*argent*, l'*or* et le *platine*.

ALLIAGES ; CORPS COMPOSÉS

212. — Au lieu des métaux à l'état de pureté, l'industrie emploie souvent des combinaisons de deux ou plusieurs métaux qu'on nomme **alliages**. Les propriétés des alliages sont souvent fort différentes de celles des métaux qui entrent dans leur composition.

Le *bronze* est un alliage de cuivre et d'étain. L'*aluminium* remplace l'étain dans le *bronze d'aluminium*. Le *laiton* est un alliage de *cuivre* et de *zinc*. Le *maillechort*, blanc et sonore comme l'argent, est un alliage de trois métaux : le *cuivre*, l'*étain* et le *zinc*.

213. — Lorsque le *fer* tient en dissolution une certaine quantité de charbon, il est cassant et fond à une température moins élevée, de sorte qu'on peut facilement le couler dans des moules; c'est de la *fonte*.

L'*acier*, plus dur, plus élastique que le fer et susceptible d'être *trempé*, est du fer qui ne contient qu'une très petite quantité de charbon.

ACIDES, OXYDES

214. — En général, on donne le nom d'**acides** aux composés des métalloïdes avec l'oxygène : tels sont l'*acide sulfurique* ou *vitriol*, résultant de l'union du soufre et de l'oxygène; l'*acide azotique* ou *eau-forte*, formé d'azote et d'oxygène; l'*acide carbonique*, l'*acide silicique* ou *silice*, etc. L'acide silicique n'est autre chose que le quartz, l'un des minéraux du granit.

215. — On appelle simplement **oxydes** les produits

de l'union des métaux et de l'oxygène, et l'on dit : *oxyde de mercure, oxyde de plomb, oxyde de fer*, suivant la nature du métal qui entre dans leur composition. Toutefois, quelques oxydes très répandus portent des noms simples, telles sont la *potasse*, la *soude*, la *lithine*, la *strontiane*, la *chaux*, la *magnésie*, la *baryte*, l'*alumine*, etc.

216. — Les acides et les oxydes se combinent souvent ensemble pour former des *sels*.

Pour former le nom des sels, on change dans le nom de l'acide, un peu simplifié, s'il y a lieu, la terminaison *ique* en *ate*, et on ajoute au nom ainsi obtenu le nom du métal ou celui de l'oxyde métallique, précédé de la préposition *de*. Ainsi le *calcaire* est un *carbonate de chaux*, formé d'*acide carbonique* et de *chaux*; le *plâtre* est un *sulfate de chaux*, formé d'*acide sulfurique* et de *chaux*; le *phosphate de chaux* est formé d'*acide phosphorique* et de *chaux*; le *salpêtre* est un *azotate de potasse*; l'*argile*, un *silicate d'alumine*, etc., la *céruse*, un *carbonate de plomb*, etc.

217. — Assez souvent un même acide se combine à la fois avec deux oxydes, formant ainsi un sel double : l'*alun* est un *sulfate double d'alumine et de potasse*; les *feldspaths* du granit sont des *silicates doubles d'alumine et de potasse*.

Le *verre* lui-même n'est qu'un sel double, un silicate de potasse ou de soude et de chaux. Une certaine proportion d'oxyde de plomb lui donne plus de sonorité et en fait ce qu'on appelle le *cristal*.

Les silicates des métaux alcalins sont, après l'eau, les plus légères des substances minérales. Ils forment, avec les carbonates et quelques oxydes, les pierres les plus importantes de la partie la plus superficielle de l'écorce terrestre.

MINERAIS ET MINES

218. — Les combinaisons des métaux avec les métalloïdes autres que l'oxygène portent des noms formés du nom, quelquefois un peu modifié, du métalloïde que l'on termine en *ure*, et auquel on unit le nom du métal par la préposition *de*. Ainsi, on trouve à l'état naturel des combinaisons de beaucoup de métaux avec le soufre; ce sont des *sulfures* : la *pyrite* est un *sulfure de fer*; la *galène*, un *sulfure de plomb*; la *blende*, un *sulfure de zinc*.

L'un des composés les plus abondamment répandus

dans la nature, le *sel marin*, n'est autre chose que du *chlorure de sodium*. On l'obtient en évaporant l'eau de mer dans des *marais salants;* il forme aussi quelquefois sous la terre des masses comprises entre deux couches d'argile; c'est alors du *sel gemme.*

219. — En raison de la facilité avec laquelle les métaux se combinent avec les métalloïdes, ils ne se rencontrent presque jamais dans le sol qu'à l'état de combinaison. Les plus fréquentes de ces combinaisons sont des oxydes, des *sulfures* tels que ceux que nous venons d'énumérer, ou des sels, surtout des carbonates. Ces composés, accumulés dans des poches ou dans des fentes de l'écorce terrestre, forment les principaux **minerais** des métaux.

Fig. 192. — **Haut-fourneau** pour la fabrication du fer.

220. — En chauffant les minerais dans des *hauts-fourneaux* (fig. 192), avec des substances appropriées qui enlèvent au métal les métalloïdes auxquels il est uni, on arrive à obtenir celui-ci à l'état de pureté. De là, une vaste industrie qu'on nomme la *métallurgie.*

221. — L'*or* est le seul métal que l'on recueille à peu près à l'état où il est utilisé dans l'industrie. Il se trouve dans des sables d'où on l'extrait par une opération qu'on nomme le lavage : l'eau courante entraîne les grains de sable et laisse l'or qui est

Fig. 193. — **Mine du houille.**

plus lourd et qu'on dissout dans du mercure. Les principales mines d'or sont en Californie et en Australie; mais certaines de nos rivières, l'Adour, par exemple, charrient aussi des paillettes d'or.

Le *platine* est toujours uni à d'autres métaux lourds :

l'*indium*, le *rhodium*, le *palladium*, le *ruthénium* et l'*osmium*.

Cependant, l'*argent* et le *fer* se trouvent quelquefois à l'état *natif*. Le fer natif provient, le plus souvent, des pierres tombées du ciel, qu'on nomme *météorites*.

222. — On donne le nom de **mines** aux gisements de **minerais** et, en général, à tous les gisements souterrains que l'on exploite au profit de l'industrie. Il existe des mines de diamants, des mines d'or, des mines de sel, des mines de houille ou charbon de terre, etc.

Parmi les mines, les *mines de houille* (fig. 193) ont une importance toute particulière, en raison de leur étendue, du nombre d'ouvriers qu'elles occupent et du rôle exceptionnel que la houille joue dans toutes nos industries.

ENTRETIENS

L'air et l'acide carbonique.

197. — Que produit le charbon en brûlant dans l'air ?

Le charbon, en brûlant dans l'air, produit un gaz qui se distingue de l'air parce qu'il est rapidement absorbé par l'eau de chaux et qu'on nomme l'*acide carbonique*.

198. — L'acide carbonique se produit-il dans d'autres circonstances ?

L'acide carbonique se dégage encore du calcaire sous l'action du vinaigre ; il se produit durant la fermentation et il fait mousser la bière, le vin de Champagne et les eaux gazeuses.

199. — Qu'est-ce que l'azote ?

L'*azote* est le gaz qui forme la partie irrespirable de l'air atmosphérique.

200. — Qu'est-ce que l'oxygène ?

L'*oxygène* est la partie respirable de l'air qui, durant la combustion du charbon, s'unit à ce dernier pour former l'acide carbonique.

201. — Le charbon, en brûlant dans l'air, produit-il toujours de l'acide carbonique ?

En brûlant en présence d'une quantité d'air insuffisante le charbon produit un gaz éminemment vénéneux : l'*oxyde de carbone*.

202. — En quoi consiste notre respiration ?

Notre respiration consiste dans une combustion lente du charbon contenu dans nos tissus, qui est exhalé sous forme d'acide carbonique.

203. — L'acide carbonique pro it par la respiration des animaux s'accumule-t-il indéfiniment dans l'air ?

L'acide carbonique de l'air est décomposé par les plantes vertes sous l'action de la lumière ; elles en gardent le charbon et restituent à l'air de l'oxygène pur.

204. — Quelle est l'action de l'oxygène sur les métaux ?

L'oxygène se combine avec la plupart des métaux ; il contribue à rouiller le fer et à produire le vert-de-gris du cuivre.

205. — A quoi distingue-t-on l'oxygène des autres gaz ?

L'oxygène est le seul gaz qui rallume une allumette sur le point de s'éteindre et ne présentant plus que quelques points rouges.

L'eau et le gaz d'éclairage.

206. — De quoi est formée l'eau ?

L'eau est formée de la combinaison de l'*oxygène* avec un autre gaz, l'*hydrogène*, qui se distingue des précédents parce qu'il s'enflamme quand on en approche une allumette.

207. — Le charbon est-il capable de s'unir à l'hydrogène ?

Le charbon forme avec l'hydrogène des composés combustibles ; quelques-uns de ces produits sont gazeux et constituent le *gaz d'éclairage*.

Les corps simples.

208. — Qu'appelle-t-on corps simples et corps composés ?

Les *corps simples* sont les corps indécomposables par les moyens dont nous disposons ; ils s'unissent entre eux pour former les *corps composés*.

209. — Quelles sont les deux grandes classes de corps simples ?

Les corps simples se divisent en deux classes : les *métalloïdes* et les *métaux*.

210. — Quels sont les métalloïdes ?

Les métalloïdes, au nombre de douze, sont : l'*oxygène*, l'*azote*, le *chlore*, le *fluor*, le *brôme*, l'*iode*, le *phosphore*, l'*arsenic*, le *bore*, le *silicium* et le *charbon*.

211. — Quelles sont les principales sortes de métaux ?

On divise les métaux en *métaux alcalins*, légers et très oxydables tels que le *potassium* ; *métaux terreux*, très oxydables plus lourds que l'eau et qui entrent dans la composition des terres, tel que le *calcium* ; *métaux usuels* se conservant assez facilement à l'air, tels que le *fer* et le *cuivre*, et *métaux précieux*, ne s'oxydant pas à l'air, tels que l'*argent* et l'*or*. L'hydrogène est un métal gazeux ; le mercure un métal liquide.

Alliages et corps composés.

212. — Qu'appelle-t-on alliages?

On appelle alliages des combinaisons de deux ou plusieurs métaux : le *bronze*, le *laiton*, le *maillechort* sont des alliages.

213. — Que sont la fonte et l'acier?

La fonte et l'acier sont des dissolutions dans une grande quantité de fer d'une petite quantité de charbon.

214. — Comment appelle-t-on les combinaisons les plus importantes des métalloïdes avec l'oxygène?

Les combinaisons les plus importantes des métalloïdes avec l'oxygène s'appellent des *acides*.

215. — Comment appelle-t-on les combinaisons de métaux avec l'oxygène?

Les combinaisons de métaux avec l'oxygène se nomment des oxydes.

216. — Qu'est-ce qu'un sel?

Un sel est une combinaison d'un acide et d'un oxyde.

217. — Qu'est-ce que le verre?

Le verre est un silicate de potasse ou de soude et de chaux.

Minerais et mines.

218. — Comment forme-t-on les noms des composés des métalloïdes avec les métaux?

Pour former les noms des composés des métalloïdes avec les métaux, on ajoute au nom du métalloïde, quelquefois un peu modifié, la terminaison *ure*, et on fait suivre ce mot ainsi formé de la préposition *de* et du nom du métal. Exemples : *chlorure de sodium, iodure de potassium, sulfure de fer*.

219. — Quels sont les principaux minerais des métaux?

Les principaux minerais des métaux sont leurs *oxydes*, leurs *carbonates* ou des combinaisons de ces métaux avec le soufre qu'on nomme *sulfures*.

220. — Comment extrait-on les métaux de leurs minerais?

On extrait les *métaux* de leurs *minerais* en chauffant les minerais dans des hauts-fourneaux avec des substances qui leur enlèvent les métalloïdes qu'ils contiennent.

221. — Y a-t-il des métaux que l'on trouve à l'état de pureté?

L'*or* seul se trouve fréquemment à un état voisin de la pureté. Le *platine* est allié à d'autres métaux. L'*argent* et le *fer* sont quelquefois natifs.

222. — Qu'est-ce qu'une mine?

Une *mine* est une accumulation souterraine de produits minéraux exploités par l'industrie. Les principales sortes de mines sont les mines d'où l'on extrait les minerais des métaux, les *mines de houille*, les *mines de sel gemme*, les *mines de diamant*, etc.

Sujets de Rédaction.

58. L'air atmosphérique. — Plan : Combustion du charbon dans l'air. — Acide carbonique. — Azote. — L'acide carbonique contient la partie respirable de l'air ou oxygène. — Préparation et propriétés de l'oxygène. — Combustion. — Respiration. — Épuration de l'air par les plantes sous l'action de la lumière.

59. L'eau, l'hydrogène et le gaz d'éclairage. — Plan : Composition de l'eau. — Propriétés de l'hydrogène. — Combinaison de l'hydrogène avec le carbone : paraffine, goudron, pétrole, gaz d'éclairage.

60. Les corps simples. — Plan : Division des corps simples en métalloïdes et en métaux. — Liste et principaux caractères des métalloïdes. — Répartition des métaux en groupes : métaux alcalins, métaux terreux, métaux usuels, métaux précieux. — Alliages.

61. Les minerais et l'extraction des métaux. — Plan : Combinaisons principales des métaux avec les métalloïdes; mode de formation de leurs noms. — Principaux minerais des métaux usuels. — Idée générale de l'industrie métallurgique. — Extraction de l'or.

TABLE ALPHABÉTIQUE
DES MATIÈRES CONTENUES DANS L'OUVRAGE

Nota. — Les mots écrits en *italiques* indiquent qu'une gravure vient à l'appui du texte.

TABLE DES MATIÈRES

GRAMMAIRE ET LANGUE FRANÇAISES
COURS COMPLET D'APRÈS LA MÉTHODE EXPÉRIMENTALE
Par MM.

Ed. ROCHEROLLES	R. PESSONNEAUX
Professeur agrégé au lycée Louis-le-Grand et à l'Ecole normale supérieure de Saint-Cloud	Professeur agrégé au lycée Henri IV et à l'Ecole normale supérieure de Fontenay-aux Roses

ROCHEROLLES. — Cours préparatoire. La Grammaire enseignée par les exemples et à l'aide des images. 1 beau volume in-18, cartonné . . . . » 50
Livre du Maître (en préparation).

— Cours élémentaire. Les dix parties du discours. Petits exercices littéraires et grammaticaux, exercices très simples d'observation et d'invention, historiettes enfantines et devoirs de rédaction, construction de phrases, orthographe d'usage, résumés par questions. 1 volume in-18, cartonné, 14ᵉ édition . . . . » 75
Livre du Maître (en préparation).

— Cours moyen. Les dix parties du discours. Orthographe d'usage, exercices littéraires et grammaticaux, exercices d'invention et de construction de phrases, familles de mots, homonymes et synonymes, syntaxe, résumés, remarques de grammaire historique, devoirs donnés dans les examens du certificat d'études. Notions de composition et de style. 1 vol. in-18, cart. 1 25

Livre du Maître contenant le corrigé de tous les exercices du livre de l'élève, des dictées expliquées, des exercices de rédaction, etc. 1 volume in-18 cartonné 2 50
Ces trois cours sont adoptés pour les écoles de la ville de Paris et portés sur les listes départementales.

ROCHEROLLES et PESSONNEAUX. — Grammaire (Langue française et littérature). *Cours supérieur.* Ouvrage contenant : un coup d'œil sur l'histoire de la langue française, des notions de versification, de composition et de style ; un aperçu sur les différents genres littéraires et sur les littératures grecque et latine ; une histoire sommaire de la littérature française et des littératures étrangères ; des extraits de nos écrivains français avec explications littéraires et grammaticales. In-12, cartonné. 2 25
Relié toile pleine. 2 60
Adopté pour les écoles de la ville de Paris et porté sur les listes départementales.

Livre du Maître, contenant le corrigé de tous les exercices du livre de l'élève, des dictées expliquées, des devoirs de rédaction, un grand nombre de notions complémentaires sur les locutions grecques, latines, étrangères, et toutes celles qui sont tirées de la mythologie et de l'histoire. 1 volume in-18 cartonné, pleine toile 3 50

— Exercices en rapport avec le *Cours supérieur*, par Ed. Driault, agrégé de l'Université, professeur à l'école normale de Versailles. 1 volume in-18 cartonné. . . . . . . » 90. Relié pleine toile. 1 25
Livre du Maître (sous presse).

AGRICULTURE

V. FOURNIER. — Les travaux des champs.
Lectures sur l'agriculture, l'agronomie,
les cultures forestières, maraîchères et
potagères, la viticulture, la sériciculture,
l'horticulture, l'économie rurale et la
comptabilité agricole. 1 volume in-18,
illustré de plus de 360 vignettes expliquées.
Cartonné. **1 30**

*Ouvrage inscrit sur les listes dépar-
tementales. Médaille d'honneur de la Société d'instruction et d'éducation popu-
laires.*

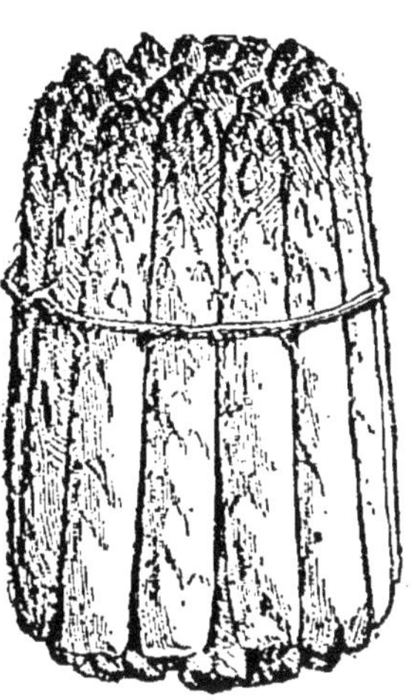

JEUX SCOLAIRES ET EXERCICES PHYSIQUES

CHAT ET SOURIS
Gravure extraite de CRUCIANI. *Manuel de Jeux scolaires
et d'Exercices physiques.*

CRUCIANI. — Manuel de Jeux scolaires et d'exercices physiques,
à l'usage des élèves de l'enseignement secondaire, de l'enseignement primaire et de tous les établissements d'instruction, par
O. CRUCIANI, professeur de gymnastique au lycée Saint-Louis et aux
écoles de la Ville de Paris. Membre de la Commission de gymnastique au Ministère de l'Instruction publique. Officier d'académie,
1 volume in-8° illustré de 150 gravures. Cart. toile. . . . .   **3 »**

Jeux variés. — Courses. — Sauts divers. — Luttes. — Les échasses. —
Natation. — Patinage. — Canotage. — Boxe française. — Canne. — Bâton.
— Danse. — Escrime. — Équitation. — Jeux combinés.

*Ouvrage honoré d'une médaille de vermeil (G. M.) au concours
Bischoffsheim.*

ENCYCLOPÉDIE ÉCONOMIQUE
DES ÉCOLES ET DES FAMILLES

Fondée par	Continuée par
M. A. BURDEAU	**M. W. MARIE-CARDINE**
DÉPUTÉ DE LYON	INSPECTEUR D'ACADÉMIE

COURS DU CERTIFICAT D'ÉTUDES

MANUEL *d'Histoire Nationale* PAR *Édouard DRIAULT*	Récits, entretiens et devoirs d'examen. Ouvrage entièrement conforme à l'arrêté du 4 janvier 1894. In-12 illustré, cartonné, contenant 168 pages dont 80 d'histoire contemporaine 0,75
MANUEL *d'Éducation civique* PAR *A. BURDEAU*	Récits, entretiens et devoirs d'examen. Ouvrage entièrement conforme à l'arrêté du 29 décembre 1891. In-12 illustré, cartonné 0,50
MANUEL *d'Éducation morale* PAR *A. BURDEAU*	Récits, entretiens et devoirs d'examen. Ouvrage entièrement conforme à l'arrêté du 29 décembre 1891. In-12 illustré, cartonné 0,50
MANUEL *de lectures expliquées* PAR *M. J. VAUDOUER*	Prose, poésie, remarques grammaticales. Ouvrage entièrement conforme à l'arrêté du 29 décembre 1891. In-12 illustré de 26 gravures, cartonné . 0,60
MANUEL *de sciences physiques et naturelles* PAR *Edmond PERRIER*	Leçons, entretiens et devoirs d'examen. Ouvrage entièrement conforme à l'arrêté du 29 décembre 1891. In-12 illustré de 150 gravures expliquées, cartonné 0,75
MANUEL *d'hygiène* PAR *Le Dr R. LAFFON*	Leçons, entretiens, devoirs d'examen, soins à donner en attendant le médecin. Ouvrage entièrement conforme à l'arrêté du 29 décembre 1891. In-12 illustré cartonné. . . . .
MANUEL *[illegible]* PAR *BARREAU et LELARGE*	Un volume in-12 illustré, cartonné. En préparation.